JN021368

西山　勉

自然、環境、時間への旅

東京図書出版

は じ め に

　自然、環境、時間という言葉は、日ごろごく普通にしばしば登場する。そしてそれらの言葉は私たちが生きていくうえで大変かかわり深い言葉でもある。私たちは自然に育まれ、様々な環境の中を生き、そしてそれぞれに自分の時間を過ごしているからである。ここでは第一章から第四章にかけて自然と環境について述べた。第五章は「物の見方、考え方」として思考の拡がりについて述べ、第六章から第七章で私たち個人の時間について、一生そして他者、社会にまで敷衍して思考した。さらにさまざまに思った私個人のこころを第八章として干支トーラスの螺旋に添うように示し、自然、環境、時間への旅を納めた。

　以下に各章について簡単に紹介する。

　　第一章　自然の認識
　　　　　自然という言葉に、どのような内容があり、どのような認識を共通にもてるかを、歴史的展開として述べた。
　　第二章　土の認識
　　　　　自然の基盤であり、人の生活を支える大地は土が覆っている。その土、特に粘土物質について、自然界での介在の様子、物質科学的特性、人との係わり、土の持つ時間的意味について述べた。
　　第三章　自然と環境
　　　　　河川と土から私たちの暮らしと自然について述べ、さらに環境問題と環境学として現在の私たちの在り方を考えた。
　　第四章　環境学について
　　　　　人は内に哲学を持ち、そして外には環境学を思いたいとした。

第五章　物の見方、考え方
　　　　思考の拡がるままにその一端を示した。
第六章　還暦考
　　　　人の一生は120歳を巡る干支トーラスの螺旋にあると、還暦
　　　　から思考した。
第七章　個人的時間と現在
　　　　己個人が捉える時間を通して現在、過去、未来について考察
　　　　した。
第八章　心の旅
　　　　いろいろに思いまた感じたことを干支トーラス面の時間経過
　　　　に添って示し、心の旅とした。

目　次

第一章　自然の認識

1. はじめに

　自然という言葉は自然環境、自然探訪、自然の驚異、残された自然などとして新聞、テレビなどマスコミによく登場する言葉でもあり、現代のキーワードの一つと言っても良いであろう。また自然科学、自然法、自然体などの自然まで、その意味するところも広い。

　不自然という語に対し自然という語は、どれほど心に落ち着きを与えてくれようか。現代の個人的、社会的動態について注視すると、何処かぎごちなさがあり、どちらかというと不自然さが目立つようである。例えば、登校拒否、民族紛争などで見られるように、お互いを意識することがかえって滞りを生んでいるようである。問題点が見えれば、解決に向けて努力はされているのだろうが、まだまだそこでは個人間の信頼関係、社会間の友好関係などが自然な状態までにはいたっていないようだ。

「日本の文明の基層には『森の文化』がある」と、梅原猛は中村元との対談で語っている（『朝日新聞』1990年1月8日）。ある社会が共通にもつ生活様式には、そこでの自然環境が色濃く反映されているだろうことは容易に頷ける。砂漠の生活は砂漠の民を生み、草原は草原の民を生んだ。モンスーン地帯を特徴付ける照葉樹林帯には共通する文化がある（佐々木高明、1982）。

　自然は風土として語られる。田舎を出て都会に暮らす人々にとって、自然は故郷に残した生活空間であり風土として、常に意識の底に潜んでいるだろう。一方、都市で暮らしていた人が地方に出ると、その自然が圧倒的存在となり圧迫を感じることもあるようだ。

　経済大国といわれるようになったわが国は、より良い国際関係を維持するために、国際収支のバランスに気を使うことが必要不可欠となって

きている。現在、国際貿易での大幅な黒字は経済摩擦の一因となり、その是正が求められている。その摩擦解消の一環として、積極的に輸入が奨励され、やがて「お米」や「おいしい水」がどっと諸外国から押し寄せてこよう（『朝日新聞』1993年8月17日）。このような経済環境なので、やがて私達の意識あるいは視野から、風光明媚、山紫水明といった自然観や、のどかな田園風景は消える運命となるのであろうか。都会で静寂さを求めたいならば、そこに暮らす人々はそれ相応の経済的負担を担うことが現代の掟であるとするならば、それも致し方無いのかも知れぬが。

　そこで、このように語られる自然という言葉の内に、どのような内容があり、どのような認識を共通にもてるかを、個人的にかかわった事例を中心に表出してみたい。

2．展開

　知の総体そのものは本質的には歴史的構造体とはならないだろうが、科学に関する知はある時間経過をともなって展開されている。そこで、その時間経過に即して、自然はどのように認識されるかを以下の歴史的展開として、1から12の項目を挙げ示した。それらの項目で1〜5は前科学時代、6〜8は科学と技術の前進・発展時代、そして9〜12は科学技術の円熟期への待望と大別される。

　　1．自然として
　　2．自然の仕草
　　3．自然の生命
　　4．変わらない姿
　　5．存在の内在性
　　6．客観性と実証性
　　7．普遍的存在と桃源郷
　　8．進歩と進化

6

　9．地球と宇宙
　10．創造の意味
　11．未来への思考
　12．人間の居場所

３．意味

　自然認識についての歴史的展開について、それぞれの意味を簡潔に以下に示す。

1．生きるそのもの。すべてに開けているが、ただそれだけに閉じている。

2．季節は移り、陽は巡る、そのただ中にあって、巧みに生きている。

3．すべてに生きている姿を見せる。その姿を畏れ、敬っている。

4．生と死を超えた世界を知る。永遠に在りつづけ、繰り返される天の運行を知る。

5．万物は動き、変化する。その説明は出来、真実を感じるが、それは神のみぞ知る。

6．自然から切りとられた事象が実験により分析される。実験結果の再現性は、主観を排除し、事象を客観的に把握させる。自然自体も分析される。

7．実験室で解明できた物質世界の事象は、実験室に留まらず真理として、あまねく全宇宙に通用するだろう。真理に取り囲まれた世界、それは私達の理想世界であり、そこには桃源郷があると、楽天家は夢を見る。

8．物質世界が見せる鋭角さは、私達の感覚器官を刺激し、果て無き夢に駆り立てる。地球は単なる新素材発見の場であり、資源を採掘する場となり、そして、不要な物の捨て場となる。そのために地球は適度な複雑さと大きさである。また、生物などにみる多様

性は時間経過にそって説明する。

9．宇宙空間から見た地球は美しいが、小さくそしてか弱い存在である。また地球の希少性は、人間に地球人としての自覚を意識させる。

10．いよいよ精神が、その重力と質量による足枷の不自由さから抜け出る可能性を模索する。知は物質から解放され、新しい活動を始める。

11．こころが自然から意味のある空間を学び、未来への思考につなげる。

12．柔らかい日差しがあり、その縁側にくつろぐ姿がある。

4．説明

　自然を認識してゆく行為について、先に示した切り口の順にそって、具体的な例を出して説明する。ただし、個人的認識はこの歴史的展開を単純にたどるものではない。

１．これ迄に多数の人間が誕生し、各個人はそれぞれに多くのことを体験し、いろいろなことに思いをめぐらしてきた。私達は現在、過去の人達とだいぶ異なる社会に生活しているとはいえ、私達が今日体験していることの多くは、すでに過去において誰かがどこかで出合い考えたことではなかろうか。しかし、また、過去の人達の行為・思考の内には、現在の私達の知性に絡みつかず、今に生きる私達には知ることの不可能となったこともきっとあるだろう。

　では、過去の知性は何処まで現在の知性と同質なものとして遡ることが出来るのだろうか。古代の人々の意識は現代の私達の知性にはうかがい知れない闇の中にあると思われる。知性を脳構造との絡みで言えば、300万〜400万年前に生きたアウストラロピテクスから現代の人までには知性や学習能力と密接に結びつく脳の余剰大脳皮質面積について、三回にわたる「断続平衡」を経て今日の面積にまで増加してきたと澤口俊

之（1989）は言う。もしそうならば、知性も不連続的な進展があったと予想される。アウストラロピテクスは直立二足歩行をし、ホモ・ハビリスは石器という道具を使用し、ホモ・エレクトスは火を用いた。そして、6万年前のネアンデルタール人は花をもって死者を葬った。そのような大きな行動・生活様式の変化は、その人々の自然に対する認識を当然大きく変えただろう。

　しかし、「文明に関心を抱く現代人は過去の垂坑道へ降りゆきそこに己れ自身の影を発見するのである。この意味において氷河時代の大型動物狩猟人をその洞窟画とともに我々が眺めれば、これはいわばピカソの先駆者ともみなされてしまうだろう。」アルノルト・ゲーレン（1964）が指摘するように、「意識の構造的変化」によって隔絶された「遠方の文明」との「文明閾」は高く、現在の私達には到底越えられないものだろう。

　だが、遺跡調査が進めば進むほど、人の知性の高さは過去へ過去へと遡ってゆくようである。約1万2000年前とこれまでの6000〜8000年前より古い縄文時代草創紀に定住生活を行っていたとの裏付けが鹿児島県加世田市の栫ノ原遺跡でされ（『朝日新聞』1993年10月5日）、また長野県小県郡長門町の鷹山遺跡群では縄文時代に大規模「鉱山」として黒曜石が掘り出されていたことがわかり、さらに青森市郊外の三内丸山遺跡では6000年前の縄文前期にすでに酒づくりを行っていたらしい。これまでの国内の4500年前の説を超え世界的なエジプトでのブドウ酒の6000〜7000年前に迫ることの可能性が新聞（いずれも『朝日新聞』1993年9月13日）に報道された。話は別だが、その報道に合わせるように中国では王軍霞が、国内大会の女子陸上1万メートルで、これまでの世界記録を一気に41秒96縮める29分31秒78の記録を出したことが新聞に載った（『朝日新聞』1993年9月9日）。スポーツでは記録時間はだんだん短くなるが、逆に遺跡が示す過去の知性の記録はだんだん遠く遡るようである。

　各時代時代で映したスクリーン上の出来事を現代の知に沿って眺め、かつ歴史的に再編しながら自然にかかわる人間の行為と思考について考

えてみる。

　黒曜石の採掘所蹟からうかがえるように、分業は今まで知られていた時代より古い時代から行っていたようだ。しかし分業のもつ合理性、分析思考がすでに意識されていたかどうかは分からない。

　インダス文明は紀元前3000〜前1500年頃栄えたインダス川流域の文明だが、建材に用いる焼成煉瓦のために燃料として森林を伐採し、植物生態が変化したことが、この都市文明壊滅の一因をなした（杉山二郎、1988）というように、自然環境の問題は古い。

「いま（シチリア島の）シラクサの劇場を訪れてみますと、観客席の上段からは、遠く大地をこえて真っ青な海が、明るい太陽の輝く天空とくっきりとした境界線を形づくっているのを、一望のもとに見はるかすことができます。その光景は、まさしくこのシチリアの島のアクラガスに出た詩人哲学者エンペドクレスが、自然を大きく形づくるものと見た『四元』（四つの根）──太陽（火）と、天空（空気）と、大海（水）と、大地（土）という、『四元』の世界そのものであるともうせましょう。」と藤沢令夫（1980）はまばゆい自然とそこに繰り広げられるであろう劇、すなわち世界や自然のあり方と人間やその行為のあり方との分かちがたい一体性、そこに古代ギリシャの哲学の希求があると述べたがその光景がありありと目に浮かぶ。

　アステカの賢者達は、1524年にメキシコ市に修道会士が初めて現れキリスト教を強要したとき、彼らの宗教と哲学を次のように答えたという。「あなた方はいう。お前たちは知らない、万物の主も、はたまた天地の創造者も。あなた方はいう。お前たちの神はいつわりだ。だが、あなた方が語るのは、異様なことばである。われわれは惑う。われわれは混乱する。なぜならわれわれの父、われわれの祖父、かつてこの地上に生きた者たちは、けっしてそうはいわなかったからだ。彼らはわれわれに、真実のものと心に信ずる、この世の掟を与え、そしてそれを守った。また彼らの神々をうやまい、その尊敬の形のいっさいを、その崇拝のならわしのすべてを、われわれに教えてくれた。だがもしあなた方のいうように、われわれの神々がもう死んだのなら、いまやわれわれは死

のう。われわれは滅びよう。われわれの神々はもう死んだのだから。」
（増田義郎、1974）そこには運命に対し生死をも受け入れる自然な素直
さが強く感じられる。

2．「自然の演ずるいろいろの姿態変化の芝居は退屈である」が、「精神
の舞台で演じられる変化の中にのみ」新しいものはでてくる。ヘーゲル
は自然と歴史の時間の違いをこのように述べ、人間による人間の支配と
いう制約から人間が解放されるとき、そのとき、歴史は終焉するとし、
その時間観念は、時間経過に意味をもたらすのは精神であり、自然は無
意味という。自由の意識は、それゆえに、自然を征服して人間が物質的
な豊かさを確保すること、この働きかけを通して人間が自己自身の自然
性を次第に克服すること、これによって可能となるとしたようだと山之
内靖（1993）は記述している。

　開け放した窓から、虫の鳴き声が涼しい夜風と一緒に入ってきた。あ
まりのすばらしさにうっとりと聞き入っていたが、果たして何種類の鳴
き声かと、目を閉じ音を探った。

　4、5種類は聴き分けられたが、後は渾然一体となってただの虫の音
である。残念ながら言えるのはコオロギだけだった。

　以前雀とは異なる小さい鳥が雨戸の隙間に巣をつくっているのを見つ
け、図鑑で調べ、その小鳥が四十雀であることを知った。それ以来、散
歩中にチィチッ、チィチッとさえずりを聞けば、四十雀がいるなと、す
ぐに聴き分けられるようになった。それ以前にも、そのさえずりはきっ
と耳に達していたのだろうが、実際には聞こえていなかった。すなわ
ち、強く体験・経験した事象は体に記憶され、再びその事象が起これば
体が鋭敏に反応するようになる。さえずりがするから聞こえるのではな
く、さえずりを聴こうとするから聞こえるのであり、またかつてさえず
りを意識して聴いたことがあるから聞こえるのである。しかし、意識が
高じると存在しないさえずりも聞こえることもあろう。あってもなく、
なくてもあることはある。

　この聞こえている虫の音も、もし個々の虫の鳴き声をもっと多く知っ

ていたならば、もっと多く聴き分けることが出来るであろうと思った。それから数日後、何気なく古い新聞を見ていたら、都会の住宅街でもよく聞こえる虫の音色として「チ、チ、チチ、チ、チ」ミツカドコオロギ、「ジ、ジ、ジ、ジ」オカメコオロギ、「リー、リー、リー」ツヅレサセコオロギ、「ジー、ジー、ジー」マダラスズ、「ジーーー」シバスズが挙げられており、「あれ松虫が鳴いている」で始まる唱歌『虫のこえ』のマツムシ（チンチロリン）、スズムシ（リーン、リーン）、キリギリス（チョン、ギース）、クツワムシ（ガチャガチャ）、ウマオイ（スイーッチョン）の五つの鳴き声は、大都会では、めったに聞かれなくなってしまった、との小野公男（1993）による記事があった。この記事も、そのとき関心があれば、体が反応しただろう。今、おぼろげに覚えているその夜の音色は、昔の唱歌『虫のこえ』の虫ではなかったようだ。

　鯨の鳴き声は個体によって違うというし、鶯の鳴き声には方言があるともいう。コオロギの鳴き方も気温によって変わるというが、もしかすると虫にも方言があるかも知れない、などと、虫の鳴き声にのみ傾聴してしまっていれば、その秋の夜のさわやかさは意識から消え失せてしまっただろう。知識が自然に克ってしまうであろう。そっと触れては過ぎる爽やかな微風と、りんとして小さく響く幾種かの虫のオーケストラ、その全体がその夜の自然だったと思う。

　つい先頃まで、うちわを使い、裸の体に風を送った、暑い夜があったのだ。それがそのうち、セーターを着て、身を縮める、あのやっかいな冬へと変わってゆく。ヘーゲルが「自然の演ずるいろいろの姿態変化の芝居は退屈である」と言おうと、春夏秋冬、季節はそれぞれのアクセントをもちめぐってきて、私にとっては決して飽きはしない。

3．舗装された道路のアスファルトを破って、笹竹が根を出し、芽を吹きだしているところや、放置された畑はあっという間に草に占領され、虫たちの格好の住処となるのを見ると、自然の回復力としたたかさを感じる。荒れ地でも白銀のすすきの穂は満足げに風に揺れている。
　とんぼが窪地の水溜まりの水面にしっぽを触れながら飛んでいた。産

卵であろうか。だが、その窪地のある原は高速道路予定地となっており、すぐに高速道路に取って代わられよう。無抵抗な自然をそこに見、とても哀れであった。

　昔のことだが、目的の岬に行くのに道伝いに行くより、途中の森を横切ると近いと思い、森に入ったことがある。かなり歩いたと思ったが、道は現れないし、海も見えない。気ばかり焦ってくる。辺りの様子が同じ所に戻ってしまったような気さえする。昨夜、土地の人が「この辺では昔よく狐にだまされた人がいました」と話していたことを思いだし、自然が急に大きくなり押し迫ってくるのを感じた。この体験は人間生活の痕跡、例えば道路、建物、畑などから完全に隔離されたと知ったときに感じる潜在的な自然への怖れによるものだろう。このように、かつて森に潜む野獣・怪物・妖怪がそうするのであろうが、森を動かし強圧的に私達を萎縮させるときもある。

　しかし、自然はこちらの心をやわらげ、悩みもつこころを黙っていやしてくれるときもある。自然はほのぼのとした夢を膨らませてもくれる。アニメーション映画『となりのトトロ』は森に住む夜に息吹くこころの生き物の物語で、森の巨木を中心にあたたかく生き生きと森を息づかせていた。自然を科学しなかった昔、人々のこころにあっただろう自然への憧れが思い起こされた。グリム童話の『白雪姫』の物語では森に気になる７人の小人が住んでいる。

　空中を自由に飛ぶ夢を見たことがあった。そのとき、気分は実に壮快であった。ある催し物で、大スクリーンに気球から撮った風景が映し出された。緑の山が迫ってくる。木々がやがて大きく見え、今にも大地に衝突しそうになると、急にスーッと視野から大地が転回し離れて、紺碧の青い空が広がる。自分が気球に乗っているとの錯覚をもった。このときも実にスカッとした気分になれた。開けた空間に生への開放を知る。

４．東京タワーの最上階の展望台から景色を見ると、静まり返った外の世界は建物群が雑然と見える。だが、眼前のこの大都会に本当に人が生活しているのだろうかと疑ってみたくなるほど、そこには、人の息吹が

感じられない。眼下に道路が見える。自動車が小さく、その上をすべるようにゆっくりと移動している。目を凝らすと人が点として動いている。しかしその人の生活は見えない。人というより模型を見ているようだ。

　飛行機から見る地上の景色からは、個人の生活はうかがい知れず、現代人の遺跡が地表面に張り付くように刻まれている。表土を剝せば過去の人間の遺構も同様にへばり付いてあるだろう。海も山も森林も、河も畑地も牧地も、すべてが薄く地表に張り付いている。自然とは地球表面に張り付いた薄皮であって、重力によって薄く伸ばされたその自然の中に、私達人間は住み込んでいるのだ。だが、生命は地表に吸い取られ、そこには生活そのものは見えず、物質としての遺跡が見える。

　夏の夜、流星を見ようと満天の星空を見上げていた。その日（1993年8月12日）はペルセウス座流星群が極大となる日である。都会では見られない高原のきらめく星空の中を、やがて明るい大きな流星が一つよぎった。黄色い流跡が消えた後も背景の星はそのままに燦然と輝いていた。動の後の静がそこにはあった。動の流星ははかなく消え、動かぬ星の確かさがあらためて強く感じられた。動・変化に伴う軌跡・過程の存在は消滅というはかなさに通じる。人の生きるという動と死という静止について、満天の星空に流れた一つの流星をきっかけとして、意識した。死は動かぬ星に凝固する。永遠の存在がそこに輝いている。

5．大きな鯉が五、六匹、信濃川のゆったりとした流れに抗して泳いでいた。新潟市の信濃大橋から眺めたのであるが、50メートルは優に離れていても、泳ぐ姿がはっきり見えるほどの大物であった。その泳ぐ姿から、鯉達が水の流れを、そして泳いでいること自体を楽しんでいるように見えた。

　動物の仕草からそのこころが読み取れるときがある。野鳥が、飛び来たって、外部からは見えにくい安全な場所に止まり、目を閉じかけ、首はすくめ、あるいは肩に廻しもたせなどして、明らかに気持ち良いうたた寝をしはじめた。何故かそのとき、野鳥の心を知り得たと思い、異世

界との心のつながりを感じ、満たされた。

　そこにあるとは、そこに見えるのであり、それであるとは、それを感じたのである。見える、感じる、それは真実であろうか。すでにそれは意識にそして認識の中でしかないのであろうか。私は、浄興寺の本廟の前にいた。屋根のある渡り廊下のすのこ板の上にいた。

　その下は白く乾いたコンクリートがあった。親鸞の頂頭骨が納められているという本廟は新鮮な色鮮やかな献花を入れた大きな花器の先の雨の中にある。それらはありつづけたのであり、これからもありつづけるのだろうと思いつつ、意識は静かにその場に溶けた。

6．自然からある物質試料が切り取られ、実験室に持ち込まれる。そして薬品、加熱などの処理によってバラバラに分解され、さらにそれら部分の量と性質が個々に調べられてゆく。このような分析手法によって物質試料は、切り刻まれ実証的に理解されてゆく、物質に付されている性質と量はどんどんあばかれ分析されてゆく。

　一方、性質をたよりに分けられた部分は、他の部分と合体・合成される。そしてその新しい合体・合成物の性質が調べられる。このように物質は分析され、また合体・合成されながら、その知識はどんどん蓄積されてゆく。

　河川は河川水にさまざまな環境要素を写し取ってある。それであるから河川水を調べることによって河川を理解することが期待される。河川水は水量と水質がある。水量は年間降水量とその季節や気象による変化、および後背地の地形・地勢・植生などがその内容となる。水質は濁度と色、水温、pH、化学組成、Oh、BODなどが挙げられよう。もちろんそのほか、浮遊成分、水生生物、底質なども構成員であり、また輝き、臭い、そして空気もそこにある。

　このように考えてくると、河川の河川水は河川の部分ではなく、河川そのもの、自然環境を内包する自然そのものとなる。河川水を自然そのものと認識することは、私達個人が自然と一体となることに通じるであろう。自然そのものを理解しようとして、その要素が取り上げられる

が、果たして自然と一体となる認識は測定された個々の分析要素から求められるのだろうか。

　自然の理解は自然を切り刻んで、その個々について見てゆくことだという立場もある。

　自然理解における分析的手法である。この場合、分析はあくまで分析としての機能であって、分析する方向からは総合的認識には至らない。分析を総合に結びつけるのは、選択という恣意行為においてである。このことは識別と分類において要素の選択が不可欠であるという渡辺慧(1978)の「醜い家鴨の仔の定理」が明らかにしている。

　分析と総合の関係は宗教思想の中にも見られるようである。キリスト教、イスラム教は一神教であって真理は教えの中に内在しているとされる。これに対し仏教の大乗仏教では真理を無・空に敷衍している。

7．物質の示す性質は、私達にとって魅力的な場合もある。赤、黄、青などの沈澱が試験管の中にできる。その色彩は花や蝶を美しくしているものだ。物質をバラバラにし、各種試薬との反応で鮮やかな色彩をもつ物質が生まれれば、その物質を花や蝶のように美しくするために使えないかと考えよう。初めは遊びの中で出会った偶然が物質利用への道を開いた。次に物質の性質が利用を思いつかせた。続いて、利用したいという願望が、そのような物質を作り出させた。打ち出の小槌は、偶然にすばらしいものを出した。そこでどんどん振り、また振り方を工夫しながら小槌を振り回した。そして様々なすばらしいものを手にいれた。今も願いを込めてやたらに打ち出の小槌は振り回されている。そして、打ち出されたものに取り巻かれた生活はどんなにかすばらしかろうと、期待は膨らんでいる。

　また、試験管の中の反応で嫌な臭いが発生し、その臭いに危険を感じることもある。毒性物質により、これまでに多くの人が命を落としている。反応自体には、毒の反応も薬の反応もない。結果として、反応が毒であり薬であるのだ。物質を分析して得られる新たな知識は、薬の知識か毒の知識か分からない。科学技術という打ち出の小槌はすばらしいも

のを打ち出すと同時に、汚いもの危険なものをも打ち出している。すばらしいものを望んでいるときは汚いものは無意識に捨ててきた。そもそもすばらしいものとは、すばらしくないものがあって初めてありえる。しかし、身近に引き寄せるのは常にすばらしいものである。

8．乗り物は速さを競い、高速道は島を縦横に走り、そして橋は長さを自慢にしている。

　照明は夜を退け、情報は街に氾濫し、世界を駆け巡っている。これらは科学技術の進歩の結果である。行動力があり、強壮で、情報を望む人にとって、お金さえあれば、これほど望みを叶えてくれる時代はないだろう。瞬時に世界に号令をかけることもできるし、その結果を確かめに世界中の何処へでもその日の内に行くこともできよう。しかしまたこのことは、他の影響を受けずに生活することの困難な時代ともなっている。単に人との関係だけではない。大量な物質を生産しそして移動し、熱を贅沢に消費し、また巨大な建造物を競って建設し、地勢を著しく改造した結果、限られた地球の表面にはさまざまな無視できない影響が現れ始めた。河川、湖沼と海の汚濁、緑地の後退と砂漠化、酸性雨と大気汚染、温暖化と異常気象、オゾンホールなど上層大気の変質などなど、心配される影響を挙げてゆけばきりがない。今まで、必要なものを得るために、不必要なものを意識せずに簡単に捨ててきた。その結果、不必要なものが身近に目立ちはじめた。私達が生み出したものに犯されていない場所を地球上に探すことは難しくなってきた。そのような私達が触れていない場所は私達にとって自然の場所であり、一次的自然と言われる。

　自然的事実の個別研究は、ふつう自然科学と言われる。原理の反省はふつう哲学と呼ばれる。哲学は自然科学の原理を反省することであると限定すれば、自然科学が先ず始まって、哲学はそれの反省を行う。自然科学なるものは、いわゆる一握りの科学者の仕事だけに限定してはならず、また哲学といっても一握りの哲学者といわれる人たちの仕事に限定しない方がよいであろうとコリングウッド（1945）は指摘し、新しい自

然観は、歴史との類似に基礎をおいた進化的概念であるとしている。果たして、進歩なるものは、進化なる概念におさまるものだろうか。

9．宇宙の人工衛星から撮られる地球は美しく、またとても脆弱なガラス球のようにも見える。ますます拡大する人間の活動量が地球表面における安全許容量の限界に近づきつつあるようだ。もちろん地球表面での物質循環の定常性は火山活動と太陽活動の変化など自然の活動にも大きく左右されるが、人間による石油・石炭の大量消費は年々確実に大気の炭酸ガス濃度を増大させ、地球の温暖化や異常気象との関連が議論されている。また、原子力の利用は放射性廃棄物の心配を生んでいる。これまでの地球表面の特徴は陸と海と生物による多彩な地勢・多様な生態系への進化であるとすると、これからの地球表面は人間が吐き捨てた物質とエネルギーに因る荒々しい事象が支配的となり、荒海と岩と砂漠、そして高等動物は衰勢し微生物などが顕在化する単純な系への後退かもしれない。

　地球は空間的にも物質的にも有限な存在であると、もっと早く強く共通に認識する必要があった。「希少資源の最適配分」によって有限が効率的に機能すると思われたが、さにあらず落日のように資源が急速に枯渇消滅するとの危機感が近年強い。科学にとっての有限は無限を限定する多くの選択肢の単なる一つにすぎないし、あるいは逆に有限集合の先に無限を見るとして扱えようが、生物の生存にとって地球の有限は絶対的な意味をもつ。生物にとって、地球は絶対であり、宇宙は死である。生と死の選択において、生を選ぶ徳性がまだ人間にあるならば、地球を、自然を共存そして共生の場としてとらえる必要があろう。

10．私達をつくる物質は明らかに重力にかかわりをもつ。私達は重力場の中で生まれ育ってきた。重りを付けた糸は水面に垂直に垂れる。それが科学の原点であると私は思う。

　現在の強力な知的体系の原点である。しかし、それはもちろん知のすべてではない。

　私達は地球の外への憧れがある。かぐや姫や天女の羽衣にロマンの香りと天空の在処を幼いこころに感じてきた。宮沢賢治の「銀河鉄道」は誘ってくれる。地球外かも知れぬ、未知の世界へ。

　ルノアールや棟方志功の作品からは、ふくよかなあるいはたくましく広がる官能の世界を知ることができる。また物質をも破壊し、圧重的な力をものともしない、闘う感情が支配する世界が『ゲルニカ』の作品に現れる。瞬間の中に動のすべてを凝縮したドラクロアの美もある。いずれの作品も物質であって、物質を超えている。こころに響く刺激的感性の世界がそこにはある。

　「木像をつくるとき、木を得て初めてそこに姿が見立てられることもあり、また姿が思い浮かばれ木が見立てられることもある。それが一になるときが最上である。木は像を自らつくるのではなく、木が像を私に呼び起こしてくれる。私が木に一刀を加えることで木は変わり、次の一刀を誘ってくれる。その環にしたがって私は己の像を木に外在化できるのだし、また木は内在していた姿をあらわにできる。そこにおいて木は木にして木ではなくなる」と、ある彫像家がラジオで語っていた。

　環境を認識するに際して重要となる、意識選択の問題を考えた。自然の中に対象として存在する環境は、すでに意識された枠組みが与えられている。意識の枠組みが変われば、当然に環境はその姿を変える。私達の知が有限であるから、環境もそこに固定される。知の域が無へと移行すれば、環境は自然へと消える。逆に環境がある刺激をもって私達を意識させれば、新たな認識が生まれる。環境が自然にまで充ちれば、私達の意識は飽和し認識は完了する。

11. ランプのみがともるある露天温泉に入っていた。背後より華やいだ声が聞こえるとともに、眼前にうら若き乙女らが現れ、やおら音もなく淡い湯煙のなかを湯に入ってきた。その出来事はかなり遠くまで拡がった時空でのことのように思えた。しかし、翌朝その場を見ると、その空間は手を伸ばせば相手の体に触れることができるようなものであった。さて、物差しで測ろうとすればできる客観的なこの朝の空間と、昨夜経

験した主観的な夜の空間と、果たしてどちらが真の空間であったのであろうか。

　物質、時空は意味をもつとき、如何に活き活きと私達の前に、その姿を拡げるものであろうか。等質な科学的、物質的時空と、意味多い、夢多き意識する私的空間とをどのように接合し構造化できるかは、私にとっての大きな関心事である。

　事象は説明できなければ、存在しないのか。事象の背後には必ず真理が隠されているのか。科学においては、真理は仮説によって探られ、矛盾がなければ仮説が真理と等価となる。そのような仮説（真理）は意識を麻痺させその自由を奪う。意識は、金縛りにあったように、その真理によって固定される。このような意識がみる世界は等質となり、客観的な世界というレッテルが貼られ、唯一の実在となる。

　ある山小屋に泊まった夜のことである。騒々しさに目を覚ました。屋根の上で多数の小動物が鬼ごっこをして遊んでいるようなのである。リスかな、ムササビかなと思いつつ、また眠りに落ちてしまった。翌朝小屋の外に出て、昨夜の屋根の上での騒々しさは、雨垂れの音だと知った。小屋の屋根はトタンであり、屋根の上に木の枝がさしかかっており、しかも辺りの土が濡れてもいたので、きっと夜中に夕立があり、雨を受け止めた木の葉が風に揺られて、大粒の雨垂れを断続的にトタン屋根に落としたためだろうと想像できた。

　このことは屋根の上では物理的現象があったのに対して、屋根の下では私のこころが動物世界の出来事として解釈していた。こころが事象を物理・化学現象として説明を受けるのはいつも後からのようである。だがしかし、過去の認識は存在しつづける。

　科学的真理とは実験に耐える事実である。実験とは厳密に再現できる行為である。時間は放たれた矢であると言う。とすると、今という時間を含む現実は実験の対象としては不向きである。では、現実に耐えられない科学的真理とは一体何であろうか。過ぎ去った時間の矢柄を折って物質空間をわざわざ砕き壊し、その破片が“はめ込みパズル”のように一部分が正しく合わさったと騒ぎはやすことであろうか。もし、科学的

真理がそのようなことであるならば、科学的真理は過去の失敗を結果論として救うが、それを組み立てるだけでは、私達の未来は決して拓かれないことになる。常に折れた矢柄が未来をも掻き回し、その見通しの邪魔となる。

　私達が拓かれた未来に生きるためには、科学的実験を見越した思考を展開しなければならない。それは、生きるという感動を起点とし、未来を展望しようとする意識にあふれた、能動的に行為する思考であるはずだ。そして私達が生きているとは、自然が、地球が、そして宇宙が活きていることを内包していなければならない。藤沢令夫（1980）がアリストテレスから読み取った、プシューケーの活動であるエネルゲイアに通ずるその行為が、遺伝的にまで体質化すれば、地球は自然に対し調和した人間種を迎えることになろう。そうした人間種の誕生は、21世紀を時間の矢先が突き進んでいるうちであってもらいたい。

　藤原保信（1993）は、ハーバマスのいう妥当請求すなわち客観的世界との関係での真理性と、他者との社会的世界にかかわる正当性と、さらに自分自身の主観的世界との関係における誠実性を合理性の基準として交わされるコミュニケーションは、そのコミュニケーション共同体以外の世界に対して、その妥当性を主張しえるのかを問うている。そして、外なる自然はロゴスに媒介されるコミュニケーションの主体とはなれないので、むしろコミュニケーションに先立って、自然の存在論的関連やそこにおける人間の位置、それゆえに自然にたいする人間のかかわり方についての理論が、学の中に組み込まれていなければならない。しかも存在論的レヴェルにおいて他者との関連や公共性が自覚されたとき、はじめて了解を求めてのコミュニケーション参加も可能になり、さらに道徳的存在論は、自然のすべての存在のあり方とその相互の関係を示す存在論一般に繋げられていなければならないとしている。

　ジェローム・R・ラベッツ（1989）は「おそらく今後20年ほどの間は、真剣かつラディカルな科学批判の作業への理解者が増え、その作業に展望が生まれてくることはあっても、大規模な改革を試みるまでには至らないだろう。しかし科学批判の作業が成功裡に進められ、理解と展

望が開けてくれば、科学の次の転換を（少なくとも部分的には）『科学的』なやり方で成就させる可能性が生まれてくる」と述べている。

　農村が都市化し、都市が高度化してゆく、つまり高度情報化してゆく、その流れは、自然史の延長として文明史の必然だと吉本隆明（1993）は言い、人工都市のなかに農村をつくったり、公園をつくったり、森林をつくったり、河川をつくったりし、自然をつくりだし守る以外にないという。つくりだした自然が自然として認識できるかどうかが重大な問題ではなかろうか。

　史的社会認識は現時性と連動し万華鏡のように変わる。しかし、心真如と理はあまねくそれを包んである。心真如は意識の形而上学的根基となり無と有として満ちていると井筒俊彦（1993）が解いている。その現象的開顕態として意味する体と、存在実体として実験を通じおさえられる科学的理とを修めえれば、個々人は、自然内の相としてまた統計的要素として個別的に現在そして未来に対応もできると期待したい。

12．満員電車に揺られ、都市騒音の中をバスで離れながら、考えつづけた。「自然の豊かなところに住んでいる人達にとって、環境問題はいらない問題である。勝手に問題をつくっておいて、おまえも責任があるといわれても困る。都会の塾に通い、電子ゲームに、お稽古事に忙しい子供に自然に親しみなさいと言うなら意味があるが、緑豊かな山間や海辺に近い田園地域に住んでいる子供達に同じように自然に親しみなさいと言っても始まらない」とある人が言っていた。しかし、この騒々しい人間社会が全地球を取り込むことも、もはや時間の問題ではないだろうか。オゾンホールが上空に開き、そこから強力な紫外線が射し込み、みるみるうちに動植物が瀕死となってゆくさままで思い及び、慚愧に堪えぬ気分となった。息を落としつつ、ふと面を上げ、窓外を見た。すると農家の縁側の日溜まりに、白い猫が一匹気持ち良さそうにまどろんでいる光景に出合った。何故かそのとき、そこに自然があると思った。純粋に原始のままの自然に対し、手が加わっているものの、本来の自然と調和した状態は、二次的自然といわれるとして、前田真三（1993）は穂掛

けしてある稲田と畔道に彼岸花の咲く田辺市の風景を撮って、新聞に載せている。してみると、私は二次的自然をそこに見たことになる。自然の認識を、地球上で狭められた部分としてある一次的自然から、二次的自然の認識に移し拡げることで、自然への積極的なかかわりが高まるだろうと意識した。

5．まとめ

　自然から生まれ自然のなかで育ってきた私達は、自然を外から見ることは出来なかった。

　永遠に変わらずに運行する星々を天に見、生と死のはかなさを神に委ねた。やがて自然の中に絶対的な規則性と不変性を見、また自然から切り取った部分について実験的に分析することで、物質世界はどんどん実証的に解明されていった一方、自然が部分として実験・分析的手法で物質とエネルギーに分解されてゆくごとに、逆に自然の姿が見えにくくなってきた。自然を分析する科学と自然を造改する技術が相伴って急速に生活空間から自然を後退させた。しかも自然から取り崩された物質・エネルギーによって、自身が埋もれそうになる。ここにいたって初めて自然を意識した。自然から離れては生きられない自分を発見したのである。こころと科学は乖離を始めていたが、科学もこころも生まれ故郷が自然からであることに気付いた。完全に自然が科学・技術によって物質エネルギーに消失してしまう前に、こころが自分の居場所を自然の中にある、と知ったのは幸せであった。

　これからの私達は残り少なくなった自然を元手に、如何に豊かな自然観と自然認識を取り戻しえるかが重要である。この貴重な体験を活かして、私達はこころと科学と技術を三鼎として、より練られた世界を、積極的な自然とのかかわりのなかでつくらなければならないだろう。

　なお、本章は西山勉（1994）：「自然の認識」『東洋大学紀要　教養課程篇（自然科学）』38：83-95をほぼそのままに引用した。

第二章　土の認識　特に粘土物質について

その1

1. はじめに

　ここでは、実験なり数式をもって粘土物質をできるだけ厳密に言い尽くそうとする立場から離れて、粘土物質が自然界にどのように介在しており、物質科学的にどのような物質と理解され、そして我々の文化とどのようなかかわりをもつか概観してみる。

　粘土物質は、地球特にその表面で起こった地史的変遷に深くかかわり、その様々な環境を写し取りながら大地を構成してきた。一方、大地の上で生まれ育った人間は集団となり、ある土地という地域的環境の中で社会を形成した。その必然として、各々の社会は根元的に大地である土の影響を受けた文化をもつようになり、それはそれぞれに特異性があって、個性に溢れていた。しかし、科学技術の進展に依存した今日の物質文明下での我々の生活環境は、科学技術が模範とする合理性、機能性、均一化、普遍性なる枠組みに沿って、急激に変様されている。生活空間は人造物で満ち、人為的に作られ、ますます物質的欲求を満たす環境に変わりつつある。その結果、概して自らの生活基盤は大地から遊離し始め、生活に根ざした地域的文化はその個性を急速に失っているようだ。だからといって生活が大地から遊離するその傾向は、大げさに言って、大地のそしてその構成員である粘土物質について存在意義が問われて、価値無きものであるとの答えを得た結果ではもちろんない。逆に、その人為空間が自然に対し様々なひずみを生じ始めており、このままではやがて自分自身が地球上に居られなくなってしまうとの危機感さえ生まれ、むしろ我々は両空間をひずみなく繋ぐ一つの物質として土をそして粘土物質を意識せずにはおられない状況にあると言えよう。

2. 粘土物質の存在

　地球史的に見ると粘土は、少なくとも地表面に水が誕生して以降、地表面を覆うように登場してきた。粘土はその後の地形の変化や物質進化に他の自然物と共演しながら関係し、生物の登場にも一定の役割を果たしたと目されてきた。また、粘土が地球史の時間的経過に対し、その方向性を堆積岩の中に固定し保持してきた役割は大きく、その功績は歴史を紐解く上で特記される。現代は地球史特に地球表面史において人間活動が無視できないまでに大きく関与し始め、土はその人間活動がもたらす人為環境と自然環境とを同じ土俵に乗せ人間に観照反省させる役割をもつようになった。さらに未来を見越せば、土は人間が活動し得る地球上の範囲を指標する重要な自然物となるといっても過言ではあるまい。

　科学の発展に粘土の果たした功績はその地味さにあった。金やダイヤの輝く美しさは泥と比較すればなおさら明らかとなろう。すなわち、土は他の物質の中にある純粋性、規則性、などの科学のもつ本質を人間に気付かせたとは言えまいか。土の中の粘土物質もやがて結晶としての扱いを受け、その粒の形態的特徴もその内部構造と直接関係付けられ理解されるようになった。粘るとか吸着するとかという粘土の物質特性は、その科学的解明を待たずに高度な機能物質として近代産業を支える重要な地位を粘土に与えた。それらの特性も科学的な解明の努力がなされ、今日では諸特性を更に強く発露する粘土物質が合成され、高度な機能をもつ材料としての利用もされている。

　文化的側面から見れば、粘土は身近に存在した物質であるからというだけでなく、良きに付け悪しきに付け実生活に直接関係した物質でもあったので、粘土とのかかわりは人類誕生と共に始まり意識的に深まったと言えよう。あらゆる危険から身を守るために人は土を身体に塗る習慣をもったろうし、身を飾るための顔料として用いもした。また、土器・祭器の原料として、あるいは意思伝達の素材として用いただけでなく、動物捕獲の場としてもまた農耕の場としても土は意識された。さらに、住居の場や素材として土はあったばかりでなく、"死して土に還る"

というような死後の世界の場としても当然土は認識されたであろう。しかし、そのような土も今日の巨大化する都市ではコンクリートやアスファルトに覆い尽くされつつあり、そこに住む人々にとって土の文化は日々の生活の中から消え去ろうとしている。

　以上の二つの視点から見た粘土物質について改めて順を追って述べてみる。

3．地球史の中での粘土物質

　生物誕生以前の地球史は大スペクタクルドラマの様相をもつが、点的物的証拠を入れ込んで冷静に語られる（松井孝典、1987）。それによると、水と炭酸ガスが初期大気として放出されたのは地球誕生時の高温岩体が冷える過程であるとも隕石の地球岩体への衝突によるとも言われる。水は塩酸を溶かし強い酸性となり、初期陸地を侵食しながら海となり、地表面を覆い尽くした。その海は岩石を溶かし込むことで酸性を弱め大気中の炭酸ガスを取り込むようになり、炭酸塩が海中でも沈澱し始める。地表下でのマントル活動は現在より活発であり、そのマントル対流によって海に堆積した炭酸塩は地下に引き込まれ炭酸ガスを吐き出す。炭酸ガスはこの二つの逆の流れの中で釣り合って大気中濃度が保たれるが、やがて陸地の形成が始まると炭酸塩の陸上への積み残しが生じ、大気中の炭酸ガス濃度の低下が進んだ。生物の誕生についてはこの時期に化学進化、すなわち含炭素化合物から生体物質がつくられ、さらに生命の誕生へと物質の変化が進んだと一般には考えられている。しかし、最初の生物が現在の生物に繋がる実験的根拠は未だ無理を含んでおり、最初の生物はコロイド状態の鉱物微結晶すなわち粘土鉱物であって、それを現在に繋がる生物が乗っ取ったという仮説（Cairns-Smith, A. G.、1988）が提出されもする。

　粘土物質は地球最古の岩石中にも含まれている。粘土のもつ吸着作用と触媒能そして結晶構造にみられる特徴は化学進化によって生物が誕生する過程で大きな役割を果たした（Bcrnal, J. D.、1952）とされ、その証

拠は生体物質の構造特性に残されていると指摘する人は多い。しかし、現在のところ、粘土表面では分子の右型、左型を識別する能力は明瞭には見出されていないようであり、右型と左型が対をなして吸着するラセミ吸着が生じている（山岸皓彦、1987）。また、生物が誕生し営む生体活動、特に地衣類の出現は岩石の風化を促進し、土壌形成の足掛かりを付けたようだ。

　地層累重の法則は堆積岩の中に堆積にかかわった出来事が経過順に化石化され得ると言っている。これまでの地球環境の時間的推移の様子は堆積岩の中に化石化されているわけで、南極や北極の氷雪中に閉じ込められた大気の成分から当時の大気の様子が読み取れることはよく知られている。同様なことは海底や湖底の堆積土の中でも言えるが、氷は外部環境に対し純潔であって氷雪の中に堆積場がそのまま保存されるのに対し、粘土物質は堆積後の埋没環境の影響を受けながら堆積環境を保存する。水による運搬堆積以外にも空中からの降下物、すなわち内的な地下からの火山爆発あるいは外的な隕石衝突や風のエネルギーによって飛散し降下した火山灰や砂塵なども堆積し地層となり、その時を印し、異なる地域での地層対比を可能にする。ただし、絶対的な時間軸をそこから引き出すためには放射性同位体などを調べる必要はあるが。また、堆積物が示す形態や構造は堆積時の媒質である水や空気の流動状態など物理的な堆積環境を表しており、それが化石化することもある。

　土壌は地球表面を広く覆っており、その土質は気候帯と対比されて説明されるように（岩田進午、1985）、土壌はその地帯の気候を映し取る鏡である。

　岩石については、それを構成する鉱物の種と組織、および各鉱物種の同位体組成を含めた化学組成と構造特性を知れば、その岩石がどのように形成されたかという成因や生成後に環境から受けた影響についてある程度の読み取りが可能となる。粘土鉱物を多く含む岩石は風化変質岩であり、堆積岩であり、熱水変質岩である（Sudo, T. and Shimoda, S.〈ed〉、1978；須藤談話会編、1986；白水晴雄、1988）。それらはいずれも地表あるいは地下の浅い環境で生成したり変質を受けたりした岩石であっ

て、そこでの環境を知るために粘土は重要な物質となっている。

　地球表面での物質循環を注視すると、太陽エネルギーが営力で水と空気が主作用媒体となって形成される風化帯でも、またマグマなど地下内部のエネルギーが営力で熱水やマグマが作用媒体となって生じる変質帯でも、粘土物質はそこでのエントロピー的流れを記憶する重要な物質の一つとして存在している。粘土物質は環境の温度・圧力状態、酸化還元状態、化学成分の動態、各成分の活動度などの変化に影響され変質したり、溶解したり、再結晶したりして、新たな環境に対応する。もちろんより大きな物質循環の中に取り込まれ、他の鉱物に変わってしまったりマグマにまで還元されることもある。

　しかし、粘土物質が示す特異性から生成変質環境を質的に量的にどの程度読み取れるかは、現在でも盛んに研究されている問題ではある。粘土物質が生成・変質する場を熱力学的に平衡な場として考えることから実状に即した動的な場として扱うことで、地表近くでの変質史が粘土物質を介してより子細にそしてより動的に解析されよう。

　また、粘土物質が現在生成堆積している環境では、人為活動の影響を自然の中に注意深く読む必要を強く意識する。

4．物質科学から見た粘土物質

　空気、水、土の自然物の中で土が最も原子・分子論的な説明に至るまでに時間を要した。土は固体、液体、気体の大枠では固体に所属するが、固体を特徴づける結晶質また剛体の性質をそのまま土は示すものではなかった。また、土は一定の化学組成をもたず、可塑性をも示すものであって、それらを科学的に統一して理解するためには土を構成している微細鉱物についての研究が進む必要があった。

　土は、もみほぐして得られる粒子の形態・化学組成・内部構造とそれが造る団粒との二重構造、あるいは更に高次の構造をももつ物質と認識され、初めて今日の物質科学的理解となる。

　土を構成する粘土粒子は主に無機成分、その多くは層状珪酸塩から

なることがX線回折などの実験を通じて明らかにされた（須藤俊男、1974；Brindley, G. W. and Brown, G.〈ed〉、1980；下田右、1985）。それによると、層状珪酸塩の層状構造には、まず陰イオンである酸素原子が面状に並んだ酸素面が陽イオンの並んだ陽イオン面を上下から挟んでシートをつくり、それが2ないし3シート重なった単位層が存在する。その単位層を珪酸塩層と言うが、それは陽イオン中心にみると、酸素原子4個の配位でできる四面体シートと酸素が6個配位する八面体シートとから成り、前者の陽イオン位置は珪素が、後者はアルミニウム、鉄、マグネシウム原子などが占めている。珪酸塩層内の化学結合は共有結合とイオン結合が支配的である。八面体シートの陰イオンは水酸基が当たる場合もある。

　次に、その珪酸塩層が積層して層状珪酸塩は完成されるが、珪酸塩層と珪酸塩層との空間を層間と言う。層間は珪酸塩層が上下に直接接していたり、カリウム、ナトリウムなどの陽イオンや水分子あるいはアルミニウム、マグネシウム、鉄などの水酸化物がその空間を占めたりする。層間での結合はイオン結合、水素結合、ファンデルワールス力などであり、珪酸塩層内の結合より弱い。そのことが層状珪酸塩を層間で剥がれ易くし層状の名の通り薄板状の形態を取り易くする。更に層間では外部環境の変化に応じて陽イオンなどの物質が移動可能となり、粘土物質に呼吸や排泄を行う物質のような能動性をもたらす重要な場となる。層間に水分子が入る粘土鉱物は、乾燥時の条件によってそこに留まる水分子の量を大きく変え、それによって層の厚さが変化し、外形も変わる。また、層間はいわゆるポリウォーター（井山弘幸、1987）が登場し易い場でもある。

　その他、層状珪酸塩の示す特性は、結晶構造として陽イオンの空席の有無とその配置の秩序・無秩序性、四面体シートと八面体シートとのミスフィット、積層の仕方によるポリタイプと積層不整、異種珪酸塩層が積層する長周期構造などが、また化学組成として四面体シート内の珪素のアルミニウム置換と八面体シートでの陽イオン置換の様子、チャージ分布などによって注視される。さらに、粘土粒子は微粒子であるので、

表面積の大きさ、表面構造、表面電荷の正負とその強さ、触媒能、吸着能などの表面特性や粒子の形態が粘土物質の物性を知る上で重要となる。

　粘土物質には層状珪酸塩以外にも他の珪酸塩、鉄やアルミニウムなどの酸化物、水酸化物など多くの無機物質が存在する。風化作用は風化生成物中にしばしば非晶質物質を生む。非晶質物質の理解は土の理解に欠かせないものである。

　土壌中では有機成分の存在が微生物や植物などとの関係で重要であり、またその存在は鉱物の風化変質と大きなかかわりをもつ（Yatsu, E.、1988）。

　粘土物質は一般に多粒子状態として扱うので、その特性は粒子内の特性と粒子間の特性に分けて考えられる。粒子内の特性については珪酸塩の場合を先に見た。粒子間の特性は更に粒子毎の物質的差異と粒子と粒子の空間的構造に分け理解できる。前者は粘土物質の鉱物組成、各鉱物の化学組成や物性についての頻度分布や粒径分布などが当たり、後者は粒子の配向の様子や粒界の状態と空隙の配置などが相当する。注目すべきことは、粒子の表面や粒界の性質が環境の変化を受けて変わり易いことである。窯業などで言われる寝かせとか養生の効果は微生物の活動も加わるこれら領域での現象である。

　微生物は土の中で生活している。小匙一杯の土の中に全地球人口に匹敵する数の細菌が住んでおり、我々はその内の99.99％は名前すら与えることができないと言う（服部勉、1987）。土を単に無機物な物質空間として扱うだけでなく、微生物、小動物、植物の根など生物の生活空間として、また生物との共生物質として土を扱うことも重要である。また、ある種の粘土粒子は人体に発癌性のあることが知られている。

　粘土物質は懸濁液となり、コロイド溶液となって、水との混合系を造る。水処理や水による粘土分の回収・輸送には粘土物質と水との分散 —— 凝縮系についての理解は欠かせない。

　粘土のもつ可塑性や流動性は、窯業では成形に利用されるが、自然現象では地形の変形、地滑りなどと関係する。また振動によって流動性が

生じる現象はチキソトロピーと言われ、地震などによる地盤の液化現象として恐れられている。しかし、これらの粘土の示す性質は止水性と相まって、一方では土木や建築工事関係の現場で巧みに利用され、ボーリング、地中壁の連続構築やトンネル掘削でのシールド工法などに積極的に利用されている。

　構造材、機能材としての粘土の利用は広範囲に及んでいる。粘土の持つ可塑性、焼結性、耐火性は陶磁器、瓦、煉瓦、耐火煉瓦などいわゆる窯業に、微粒子性、表面特性、層間特性は触媒、有機および無機複合体などいわゆるファインセラミックスでの高機能材に活かされている。後者の目的では粘土は人工的に合成され、その特性が高められ用いられもしている。粘土表面でのラセミ吸着を利用しての金属錯体の光学分割がなされている。また層間については、単にその特性を利用するだけでなく、積極的に層間を新たな機能空間に創り替えて、触媒、吸着材、飾材などとしての利用も期待されている（山中昭司、1982）。構造不整までも任意に制御して粘土が合成できればさらに特異な機能が発現しよう。それは、今日の精緻な技術をもってすれば時間の問題となるのであろうか。

　粘土物質を深く理解しようとする時、決まって物質科学における階層問題が思い起こされる。粘土物質からなる総体の理解は粘土粒子についての理解に、また粘土粒子の理解は層構造と層間に、そしてそれらは原子さらには電子についての理解にそれぞれどこまで帰せられるのかという問題である。マクロ特性とミクロ特性の拮抗する場に粘土物質はある。

5．土の文化的認識

　文化とは、人間が地域的風土の中で生活し物質的なまた精神的な活動を通じて生み出しそして受け継ぎ育てた、生活様式あるいは生き方の全てとも言えよう。従って、各文化の特質は地域的風土に負うところは大きい（木村尚二郎、1988）。喜び、悲しみ、そして驚き、願うなどの感

情を土に表現しながら、生活に安定を求めたこともあったろうし、また、地域的に閉ざされた環境の中であるいは外部環境との激しい接触によって体得してきた生活様式には土に関することも多かったであろう。それらは科学的に分析する前にまず認め、その中から新たな発見を引き出すよう心掛けることが必要だ。

　祭事などに土を身体や顔に付けたり塗ったりする風習も各地にある。土の健康にもたらす作用はよく語られる。"土をいじったら手を洗え"と子供に言うのは土の悪作用を心配するからであり、一方粘土を用いた医療術が行われるのは土にも良き作用があるからである。全ての粘土が全て同じ働きをすることはなく、その地方での経験や伝承に基づく土についての効用や弊害または精神的なかかわりは総合的に把握されなければならない。

　泥土の中に咲く純白な蓮の花に心の純化を見、宗教心は高められるだろう。土の中から芽吹く生命に生きている実感を、そして生きる力を受けることもあろう。また、地の神として地祇が、土地の神として鎮守神が知られているように、土は神が存在する場所や空間でもあったであろう。

　土は様々な物体や間隙を覆い隠すこともできるし埋め尽くすこともできる。そしてそれらを消し去りも、またその中にそのままに保存することもある。泥炭地での泥土による呑み込まれは恐ろしいが、呑み込んだものに対する防腐効果は絶大のようだ（辻井達一、1987）。古代の遺跡を発掘し読み取れる情報が多いか少ないかは、土の保護効果の多少に大きく依存する。埋蔵文化とは正に土が保持した文化である。

　水田で陰の主役を演ずるのは粘土である。粘土は水田に水を溜める保水の機能を果たす。保水と稲への養分を保持しかつ雑草や病虫害を防ぐ働きをする。また保水は治水にも土地保全にも通じ（富山和子、1974）、そこに水田と水と粘土が、演じる成熟した文化を見る。

　古代メソポタミアでは粘土板の上に楔型文字が書き込まれた。重要文書はさらに粘土で封書封印されたそうで（Chiera, E.、1958）、その内容伝達についての安全性には感心する。そこにはある意味で情報伝達に長

じた粘土の文化が感じられる。今日でも陶工のロクロの上で粘土塊が見る間に器に変身していく様に接すると、粘土文化の造形による情報伝達の柔軟さがうかがえ、また造形芸術への深まりをも想起される。

　酸性白土は石油類の精製特に脱色・脱水に有効性が認められ近代産業における機能物質として広く多用途に用いられた（小林久平、1918）。当時のその機能性は今日の産業を支えている多種類の高機能材につながる質をもっていたことを思うと、どろどろした不透明で混沌たる泥土の中にこそ現代のハイテクノロジー文化から移り変わる思考の何かが隠されていると意識しないわけにはいかない。

　地下資源の盛衰とエネルギー利用の変遷は互いに関連し合いながら、我々の生活基盤を大きく変え、文化に影響を与えてきた。粘土は地下資源の一つとしてあるだけでなく、地下資源や地熱などを探査するための指標物質としても利用されている。現在、放射性廃棄物を長期間保存する場としての粘土の使用が検討されているが、将来に悔いを残さない為にも十分なる検討が必要である。このように粘土物質は将来の文化の盛衰に大きくかかわりをもつ隠れた物質の一つでもある。

　地球規模で見るとエネルギー資源の枯渇と未開拓地の減少とは歴然としているが、一方で人口の増加は依然と続くだろう。このことから個人当たりの物質的な活動資力を単純に計算すれば今後その増加は期待できず、現在の平均値を維持することでさえ、世界のどこかに大きな不幸の発生か局所的ひずみの多発が危惧される。このような暗い計算から抜け出る道は、今後もこのまま科学技術が加速度的に進歩することを願い続けるか、あるいはこの物質文明から進んで脱出するかである。後者の場合は物質文明からの後退ではなく、物質文明の明るい光を活かしながら更に地域文化を模範とした物質と精神が共生した社会を創り出す新しい地平への融合でありたい。その為には新たな文明への基点として土を常に意識する必要があり、それは地域文化を支える行為に繋がり、さらに物質文明から移り込む新しい認識を獲得する足掛かりとなろう。

6. まとめ

　我々は科学技術によって生み出される人為的環境がますます自然から遊離しようとも物質文明が進むに任せるのか、それともできるだけ自然に近付けようと腐心する方が善いのであろうか。その選択が許される以前に、少なくとも、人間が科学技術に依存せずに自然の中に飛び出したとしても、そこに生活できる自然があることは絶対に必要であろう。この前提条件が欠けないよう常に注意しなければならない。そのためにも土をそして粘土を、単に物質的存在として認識するだけでなく、我々が自然の中の生活から生み出した文化と今日の科学技術に立脚した没自然の物質文明との接点として、更にまたその物質文化から移り込む新たな待望される文明の基点として、土に積極的な存在意義を認知したい。そういった意味で、土を意識する事例を以下に思い付くまま列記してみる。

a. 地球規模での砂漠化の問題

　現在地球規模で進行中と言われる砂漠化や土地流失あるいは森林の減少は、その少なからざる部分が人為的行為に起因すると指摘されている（清水正元、1979；松本聰、1988）。これらの問題を解決する道は具体的な技術的対応に任せるだけでなく、むしろ長期的にみれば、もっと根元的な対応すなわち砂漠化の一因をなす物質文明から移り込む新たな文明の基点として土を認識する意識開化である。そのような認識は、やがて個人的な知識を通して政治や経済の実行動機にまで浸透し、緑を生み育てる大きな力を発揮しよう。また、土の生成消滅を過去の地形・気象・植生などと関係付けながら解釈する自然現象の歴史的動態として捉える見方からも学ぶことは多かろう。

b. 地下深部への生活空間の拡張

　人間の諸活動が都市に集中することで、都会での人間の活動は土地の平面的拡がりを利用するだけでは足りずに、その上位の大気空間に進出

したが間に合わず、今日ではさらに下位の地下深部にまで広がろうとしている。人間が生活空間とした地下深部に進出したとき、土はどのようなかかわりを我々に示すだろうか、大地の中に新たに拓く人為空間がどのように大地の構造に融合した生活空間として変質できるか注視される。

c．土を離れた植物

土を用いずに野菜などを極度に管理した環境の中で栽培する方法として水耕栽培法がある。生物の住環境は諸制約から成り立っている。制約は否定的関係と肯定的関係が拮抗する中にあるが、その制約が一方に片寄ることで生物は生活様式および形態的生理的特性を大きく変えると言う。いわゆる巨大トマトの出現はその一つの例であるようだ。人間が土から離れることでどのような巨大人間が出現するのか危惧を覚えずにはおられない。

d．土に還るという意味

人は生まれて死ぬ。これまでの科学は生活の実相としてある物質的実態のみに目が行っていた。この背後にある生まれ恋しそして死ぬ人生を含めたこころの存在に科学は注視をし、科学は我々が人間として生きることに関する模索をし始めた。死ぬことがこころある人間からの物質への還元ならば、土は人間のこころある存在へと再生する一つの場であると意識する。

その2

1．はじめに

私たちは生命として時間を体内に宿し、空間に生活場を求めて暮らしている。そのような私たちであるので、諸事物を時空の中で整理し、理解しようとする。土は私たちの生活場を考察するうえで欠かせない物質

である。粘土物質は土に在り、土は地形の骨格を成す岩石や石と、変転し定まらない水・空気との間にあって、両者を繋ぎ、かつ多くの生物にとっての住処ともなり、土の変遷は生命のありようの変遷と言い換えることも出来よう。しかも粘土物質のもつ多様性は、資源として、また材料として古くから意識され、今日においても私達の生活を支える物質として積極的に多方面で利用されている。ここでは、このような土を構成する主要な要員である粘土物質、そして土自体について、土を生命の宿る場であるとの意識を強くしながら、人とのかかわりを時間と関連付けて認識してみたい。

２．粘土物質の存在

大地は地形という明らかな形を成していて、その形状にまたその内部の構造に、地質的な時間履歴が留められている。一方水と大気は、岩石ほどには時間経過をその内に保持できず、水の流れ、大気の動き（風）のように裸のままの時間が現れている。

大地を覆う土は、地形の骨格を成す岩石や石と、変転し定まらない水・空気との間にある。地表近くの土は岩石や石が風化という変形・変質を受けて形成され、また地下においては岩石が上昇・拡散する熱水によって変質・粘土化されたのであって、それぞれに固有な組織・構造をもち、その経過した時間の変遷を保持している。

粘土物質は土中で有機物質などと集合体を成し、団粒そしてさらにその高次構造である塊となって空気と水とに深く関係をもち、また微視方向においても一粒の粘土鉱物はその内に水を含み、水を通じてさまざまな陰陽イオンとの交換反応する場をもつなど、微視的にも巨視的にも土は正に周囲の環境との中で呼吸をしている。そのような土であるので、生物を支え、そして育む存在となる。しかも生命の起源に粘土鉱物がかかわりを持っているとの指摘があるし（Bernal, 1952）、また最近では生物によって粘土鉱物が生成されるとの指摘もあり（Kohler et al, 1994、上島・田崎、1997）、生物との間に共生関係がみえてくる。

　粘土物質を含んだ土が降水によって侵食され、流されて低地に移動すれば堆積岩となる。その際に粒度による水中での沈降速度の違いから分級作用が働く。土壌が水中に攪拌されてから淀んだ状態で沈積すれば、下部に粗粒質の砂質、上部に微粒質の粘土物質を1サイクルとする層理ができる。そのような層理を含めたさまざまな堆積層がいく枚も積み重なったものが堆積岩である。

　堆積岩において粘土物質は層理面に平行となるように珪酸塩層が揃い、水などの物質移動は層理面の垂直方向で水平方向よりやや通りにくくなる。大気や水の深部への通過、逆に深部よりの地表面への上昇に重力差に加えた差異が生じよう。

　さて、粘土物質は無機物・無機化合物ではあるが、決して固定した化学成分とはならない。土中の粘土鉱物の多くは層状珪酸塩に分類されるが、通常の鉱物に対し種の示す特性の幅は広く、たとえば化学組成の幅は広く、同形置換は常に認められる。

　そのような特性の幅が広い粘土鉱物を意識して、須藤は『粘土鉱物学』（1974）の中で「中間性粘土鉱物論」を興し、つぎのように整理した。粘土鉱物の諸性質は極めて多様であり、粘土鉱物は古くから何れの分類枠にも的確に属さないものが報告されており、A、B2つの鉱物種の中間的性質を示すような粘土鉱物を「中間性粘土鉱物」と呼ぶとした。さらに中間性粘土鉱物は、「混合層鉱物型の中間性鉱物」と「偏倚型中間性鉱物」の2つに大別できるとした。地形学、土壌学においてdegradation、aggradation が用いられているが、粘土鉱物学においては前者を下降進化（退化）の意味に、後者を上向進化の意味に用いられていると紹介した。

　中間性鉱物の意味をさらに敷衍すれば、次のような場合にも適用できよう。中間性粘土鉱物論において、A、Bの2種類の鉱物があり、CがAとBの中間の性質を持てば、たとえばAをイライト、Bをモンモリロナイトとすると、Cがイライトとモンモリロナイトからなるイライト/モンモリロナイトの混合層鉱物であれば、Cは中間性鉱物となる。いまAをイライトとし、Bを変わっていく先の未確認なある種、あるいは

変わってきた未確認なある種とすると、A／未確認種の中間性鉱物となる。たとえばイライト表面の一層だけが変質を受けてモンモリロナイト層とは断定できない層に変わったとすればイライト／未確認種の中間性鉱物となる。さらに層単位の議論だけではなく、これは端面方向で変質する場合でも、モザイク的な虫食い状態での偏倚にも適用できよう。

ここでは粘土鉱物がもつ幅広い性質について、最近の研究論文から数例述べてみる。

Ma and Eggleton（1999）は自然に存在しているカオリナイトの結晶は三種類の表面構造を示すことを高分解能の透過型電子顕微鏡によって観察した。タイプ1は層高7Åのカオリン層で終わるもの、タイプ2は層高10Åのパイロフィライト様層が結晶の片面にあるもの、そしてタイプ3は層高10Åの1ないし数枚のスメクタイト様層に結晶の両面が変わっていた。ここでのタイプ2はタイプ1を端成分とするカオリナイト/10Å層の中間性鉱物の実例と理解できる。タイプ3はある種のカオリナイト —— スメクタイトの混合層鉱物であると Ma and Eggleton は述べている。

これは結晶単粒子についての観測であるが、緑泥石について粉末X線回折から求めた底面反射の面間隔を Battaglia（1999）は地熱の温度と結び付けた。地熱地帯に生成している緑泥石の底面間隔が地熱の温度に逆比例していることを示した。この場合の緑泥石の底面間隔は四面体層中の珪素のアルミニウム置換量と八面体層中のマグネシウムの鉄置換量とに関係するとして、その底面間隔の変化を化学組成における緑泥石内での固溶体関係に帰している。鉱物の化学組成は固溶体関係がしばしば認められる。粘土鉱物は微粒子であるため構造不整を温存できることによる偏倚性の可能性と、微少領域での純度を内在化して高純度な鉱物と成りうる可能性が考えられる。一般に風化作用は開放系での変化であって、固定されない環境下で変化し、生成物である粘土鉱物は類似する構造間でゆるされる固溶体関係を引きずっており、さらに層間で各種イオンによる置換が生じ、化学組成は複雑となる。

スメクタイトからイライトへの変化は地層の続成作用によるとされて

おり、それは埋没深度、経過時間、母材との複合作用の結果であろう。埋没深度には圧力と温度が、母材には原岩、粒度、構造組織、空隙の物質・状態などが考えられる。さまざまなイライト化への経路が考えられるが、一つの例として、新潟盆地の砂岩と泥岩でのスメクタイトからイライトへの変化で、イライト化の程度、イライトへの遷移の経路などが異なっていることをNiuら（2000）は指摘し、その差異は母岩の化学組成の違いが大きく影響しているとした。

　粘土鉱物は化学処理によって層間のイオン置換をせずとも、水を加えて凍結、融解を行うことでもその性質を変える。イライトの懸濁液は凍結と融解を繰り返すことで粘性や可塑性に変化が現れることをSchwinka and Mortel（1999）は測定している。変化の機構は不明のようだが、粘土鉱物が環境変化に微妙に反応する一例とされよう。

3. 粘土物質と人間

　土は大地となり、ヒトはその土を纏い、土を加工し、そして土を耕し、土の上に家を建てて生活してきた。

　体に土を塗ることは、毛の少ない裸の動物が取る一生態である。象は泥濘（ぬかるみ）で泥浴びをし、猪は土とたわむれる。何故ヒトが裸であるかをMorris（1969）はいろいろと考察したが、定説はあるのだろうか。裸のヒトは体全体が土と直に接するわけで、体に触れる土の感触は、良くも悪くも強く意識したと思われる。

　これといった肉体的な武器を持たない裸のヒトは、動物を捕らえる泥濘（ぬかるみ）として土を利用したり、泥を含む水濠を作り外敵から身を守ったりしただろう。また泥を水で捏ねて形を整えて乾燥した日干し煉瓦、それを火で焼き固めた煉瓦などは土木・建築材に、そして土器、土偶なども土から作られ使われる。

　土を耕す農業が始まると、多くのヒトの土への関心がさらに強くなり、土との関係が緊密となり、土に直接働きかけるようになった。国内最古の畑跡が複数の住居跡と一緒に福岡県小郡市三沢で見つかり、弥生

時代前期（紀元前3世紀〜前2世紀頃）だという（『朝日新聞』2000年10月14日）。土と水、益虫害虫、肥料などとの関係も明らかとなり、農耕に適した土地と不適な土地が識別され、土から植物を上手に生育できるようになる。

　稲作が成立し、田んぼが作られるようになれば、水と土の管理が重要となる。

　縄文時代の土器は弥生と形、文様、土器の厚さなどに違いが見られるようだが、生地に石が入っているかどうかが決定的な違いであるようだ。今日土から石を除去するのに水簸法が使われるが、田んぼの土は水簸された土であり、石のない土となる。弥生式土器は、稲作となり、水を扱うようになったので、意図して水簸したかはともかく、水簸された土を使って土器が作れる環境の中で生活したことは指摘できるだろう。

　中国の紀元前十数世紀の夏殷時代に作られた複雑な文様をもつ青銅器は、黄河などが運んだ土によって鋳型がつくられ、そこに熔融した青銅を鋳込んで作られたようで、土が形作った文化でもある。

　私達の知識・意識のあり方は変わってきている。意味多い芸術は私達のこころを耕し、意味深い芸術作品は私達のこころに実りを与えてくれてきた。これらの作品はヒト世界における芸術であり、私達にとっての芸術である。現在の状況は、芸術を含めたヒト世界での出来事が、地球は有限であり、生命は多様であるとの認識に連結し、さらに他の生命との共生との大枠に括られて、その中での役割が模索されている。その探索先は自然史が適し、その代表作品の一つに土壌があると指摘したい。土壌は私達のこころを耕し、こころに実りを与えてくれる意味多い存在であり、人の豊かさはその意味を味わえることにあるだろう。

　日本各地で依然として都市化が進んでいる。都市化は緑の消失を伴っている。建物、道路をはじめとする建造物が大地である土をコンクリートとアスファルトで覆いながら都市化は進む。日本全土が都市化されてしまうと、その表面積はたった広さ1 haの深さ20 cmほどの土中にある粘土物質の表面積にも満たないようだ（飯村、1985）。そのような都市化の進行によって土が蓋をされると、水と空気との呼吸が阻まれ、乾い

た人工美が生まれ広がる。果たして望まれる都市景観・環境は、生命の豊かさを感じさせる自然美を失うことにあるのだろうか。いやむしろ都市には人工美と自然美との調和が強く望まれているはずだ。私達が土壌に自然美を感知できれば、自然美に代わって単なる人工物がその場を埋め尽くしてゆくような無意味さを察知でき、都市における意味深い土壌の更なる無意味な消失は避けられよう。そのような土を意識する文化の振興が望まれる。

　土壌の内部構造をそのまま私達は直接見ることはできない。植物相の豊かな森を見て、土の内部構造の豊かさを思うのである。描かれた風景画から読み取れる広がりは、絵画自体にあり、作品を物質的に分析しても得られないであろう。土壌についても物質的に分析しただけでは、そこから生まれる豊かさは十分に把握できないであろう。土壌についての知識は豊かさを増すが、土壌そのものの存在が豊かさなのである。

　だが、土の中にある粘土物質がどのようなものかを知ることは決して不必要なことではない。土の豊かさを守るための必要要件であろう。先にも述べたが、まず母岩は風化作用によって微細化された微粒子部に土の原形がある。その土はさらに水と出会い、空気に触れて、母岩から分離し化学組成を、そして結晶構造を変える。その際に水に可溶な成分は水に溶脱し、比較的溶け難くかつ存在量の多い珪酸および珪酸アルミニウム塩層は残留するか、再結晶・再沈積する。その過程で母岩とそれを取り巻く外部環境、特に水循環と陰・陽イオン濃度、キレート濃度、酸・塩基の強さと酸化・還元電位を含めた水環境がどのようであるかにより、多様な粘土物質が誕生する。アロフェン、イモゴライト、ハロイサイト、カオリナイト、サポナイト、イライト、クロライト、あるいはセピオライトなどのアルミノ珪酸塩、ギブサイト、ゲータイトなどの水酸化物、アモルファスシリカ、石英、赤鉄鉱などの酸化物など、さまざまな粘土物質が登場する。なお、熱水変質により生成するタルク、パイロフィライトなどの粘土鉱物種もが加わるとその性質は広がり、さまざまな分野の材料として古くから、そして現代の精緻な科学工業においても利用されている。日本粘土学会（1997）は『粘土の世界』としてその

広がりを紹介しているが、ここでは触れない。

　土壌や山土の微粒子部分を水と共に上手に集めれば、田んぼの土となる。田んぼの底土が粘土物質であれば、不透水性を示す粘土質が底を被覆して田んぼに水が保持できる。低地には上流部から山土や土壌が流れ着き、粘土の微粒子が集まる。低地は田んぼの起源であろう。その後、地形を上部へと水を上手に田んぼに溜めながら登り、田んぼが山の上まで至ると棚田となる。人為的に水を土に働きかけた典型といえよう。

　農業とは田畑を耕し、施肥をして、農薬を撒き、特定植物を選択栽培して、効率よく作物を収穫することである。土への働きかけは収穫量を増すことである。土への働きかけと農作物の収穫とがバランスしていれば、特に問題は生じない。しかし、土への働きが強すぎて、負荷が土に残る場合、それが過度な化学物質の蓄積であれば、土はバランスを失い、やがては作物の生産を、さらには生物の生存さえをも危うくする。今日地下水に硝酸イオンが過剰となって、土への過剰な施肥が問われている。

　日本学術会議土壌・肥料・植物栄養学研究連絡委員会により1998年6月5日に日本学術会議講堂で開催された公開シンポジウム「土と水と食料の中の硝酸（NO_3）をめぐる諸問題」の講演資料の中（p. 8）で、熊沢喜久雄はわが国における地下水の硝酸態窒素汚染の状況について、

　　I ）国土全体についての調査は地下水の硝酸態窒素汚染は欧米並みに進行している
　　II ）面積当たりの施肥量の増大とともに地下水の硝酸態窒素濃度が上昇している
　　III ）茶園地帯において汚染度が高まっている
　　IV ）果実園、野菜畑において汚染地が広く分布している
　　V ）畜産経営からの点汚染源が指摘される
　　VI ）一般畑地帯でも汚染が進行しつつある
　　VII ）水田地帯においては一般的に汚染は認められない
　　VIII ）地下水の硝酸汚染地域での飲料水源の河川水・深井戸への転換が進んでいる

と調査結果を総合的にとらえている。

　逆に耕作を放棄し荒れ地化すると土壌の浸食が進む。現況の土壌平均侵食量は全国平均で4.2t/ha/yearであるが、耕作放棄すると14.8tとなり、特に中山間地域で土壌平均侵食量は多くなり、四国地方では47.3t、九州地方では36.9tとなるようだ（加藤好武、1998）。降水量の多い地域や地形の急峻な地域では土壌の侵食は多く、植物相が根づくまでに、土砂流失などの荒廃が生じよう。農地の適正な運営ならば、土壌を保全する土へのやさしい働きかけといえるだろう。

　土への働きかけは農業だけではない。都市化については先に述べたが、建造物の建設、道路の設置、飛行場・物品の集積場・人の集まる広場などでは、土をコンクリート、アスファルトなどで覆い、土を水と大気から遮断し、土をもとの硬い岩石に戻そうとする行為に似る。土は母岩から水と大気、そして生物の営みによる風化作用という自然史的産物である。水と大気そして生物から土を遮断することは土の死を意味し、自然史的断続となる。古き人たちはこのような地への働きかけにある種の躊躇を感じていたのだろう。地鎮祭はそのような名残ではあるまいか。

　河川の改修において、河床と河岸の工事が河川水の土との遮断であれば、地下水に与える影響は大きい。河床と河岸を通じて河川水の土への浸透は流域に潤いを与える。一過性の洪水と、定常的な水の潤いと、その両者の関係をどう処理できるかが、都市においても、山村においても、洪水災害が予想されるあらゆる地域で真剣に議論すべき重大事項である。上流と下流の関係、右岸と左岸の関係、さらに水需要と水供給との関係が交差する。土の水との関係は河川と河床・河岸に一つは象徴される。

　産業における産業廃棄物の環境汚染の問題は跡を絶たない。家庭から出るゴミの処理は地方自治体にとり大きな問題となる。原子力発電所から出る放射性廃棄物はその処理に不安がある。現在行われ、また今後に予定されている処理法として、地下への埋没が在る。正に土と廃棄物との接触である。

4. 土がもつ時間的意味

　岩石が、水と空気そして生物による永い歳月をかけての働きかけにより、細粒化し粘土物質となる。そのような風化によってできた粘土物質に微生物・植物が生育し、土中動物なども定着すると、土の表面は植物の枯れ葉などのリヒターで覆われるようになり、土壌中に有機物質も増す。土壌動物が生き易い環境となれば、土壌は柔らかくなり保水性も増し、植物の生育も更によくなり、土壌は厚みを増す。水が豊かで、植物が生育できる気候帯ではこのような過程を経て、岩石は土壌によって厚く覆われるようになる。

　土壌の垂直断面には土の形成・発達史が秘められている。土は自然史を語る歴史的存在である。現在道路・建物などを建てる前に遺跡調査がされ、遺跡と石器・土器などを求めて急いで掘り進んでいる現場を見ると、土自体の自然史的扱いが弱いように思えてならない。土器等はヒトの残した、しかも生活の外形であり、石器、土器、住居跡などは自然史の極一部であるとの認識は必要であろう。

　変化には時間が伴う。岩石から風化の時間発生と共に、粘土物質は生まれ、土壌の形成経過と時間を共有していよう。図1に模式的に岩石から生物への時間的流れを示した。岩石が微細化することで粘土物質の時間が生まれ、土壌が形成され、その土壌を土台として生物が生育し、生物の時間が流れる。生物の誕生以来35億年が経過しているといい、ヒトが誕生して500万年ほどになるという。しかし、この進化の流れはこの先どれほどヒトにおいて約束されているか定かでない。

　私達は土を耕し、土に変化を与えて、作物を育てる生活をしていれば、自然時間を介して個人的時間が土のそして作物の個有時間と同調しているだろう。この時間の流れは私達の体に自然のリズムをもたらし、穏やかな、そして充実した時間感覚をもたらすようだ。

　土がアスファルトで覆われると、地表との物質交換は断たれ、土中にある粘土物質は呼吸を止める。それは土が正に地表から消えるに等しい。私達は土との時間関係を断つことであり、私達の自然時間との関係

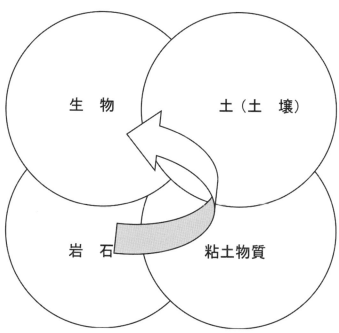

図1　岩石から生物への時間の流れ

岩石が風化作用によって微粒子化し、粘土物質となり、粘土物質を拠り所として生物の生活が始まり、土壌が形成され、豊かな生物相が育つ。そのような進化的時間の流れを示す。

は落ち着きを失う。個人的時間は糸の切れたタコのようにこの身にまとわり着き、自然時間とのリズムが崩れ、知らず知らずの間に精神的な緊張感が生まれ、ストレスが溜まる。私達は喪失感に苛まれるようになる。そのような時間の向きは図2となろう。そこでは時間が固定される方向で、生命が土に還り、さらに土が固結し、生命は化石化して岩石となり時間が固定される。

　図1と図2は逆の関係にあり、現実はこの二つの時間が交差するところにあり、ヒトが望む現実は両者が循環してバランスが生まれることであろう。

　私達は機械・電子時計が刻む共通な時間に頼って多くの慣性的な生活をしている。だが、時計時間においても厳密にみれば決して同じ時を刻んでいるわけではない。私達は個人個人の時間を生きていて、皆同時にお腹が空かないし、眠りもしない。私達にとって意味ある時間は、一人一人が別々に、それぞれの時間としてある。

　科学では時間を t と記号化し、 t は空間と絡み付かない、独立変数として扱われる。その t を求めて、大地に映る木の影を追ったり、底に穴を開けた容器に水を入れ水面の位置を観察したり、振り子の周期を測ったり、水晶に電位差を与えて振動を利用したり、原子の出す光の振動数を頼りに正確さを求めてきた。しかし、追い詰めたと思うと、 t は限界を見せ始める。そのことは全ての時間のあり方に個性が付随していることの証しかもしれない。当然ヒトは個性ある時間に生きているのだ。

　自然にも時間が満ちている。それを自然時間と言おう。地球での自然時間は太陽との関係が絶大で、季節変化にかかわり、その繰り返される変化であり、それは地球時間である。

　私達個人個人は個人個人の個性ある時間を生きているが、それを個人的時間と言おう。個人的時間はその個人が生きている証しであり、生きているとは呼吸していることでもあり、呼吸は個人的時間の具体的な現れと捉えてよいだろう。したがって、個人的な時間の進行は、呼吸によって意識でき、個人的な時間の進行を自然時間と同調できるように呼吸を調えれば、充実している現在を生きていると指摘できる（西山、

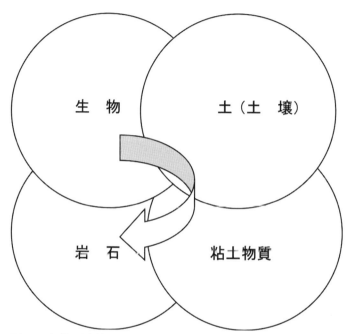

図2　生物が土壌と共に埋没し、堆積岩へと変質する時間の
　　　流れ

火山灰の降下により火山灰層が厚く溜まり、生物は化石化し、土壌
は堆積岩へと変化し、都市化の進行によって植物が取り払われ、土
壌はコンクリートなどで蓋をされ、粘土物質は空気と水との接触を
断たれて、化石化岩石化されていく時間の流れを示す。

2000)。

　万物はそれぞれに個々の時間をもっている。それを個々が有する時間として個有時間とする。それは万物にとって相対のものである。原子が見せる個有時間が現在の時計時間の基準となっている。固有原子の時計時間を基準に取って、その時計時間から相対化される鉱物は、化学組成に幅があり、結晶構造に不整が多く認められる。したがってその全体は変化に富み、個々に異なりがあり、それが鉱物の固有性の現れである。

　鉱物の中でも粘土鉱物は特に固有性に豊む。水と空気が豊かな地表にあり、明らかに粘土鉱物は水と空気と容易に関係し絡み合う。粘土鉱物から生物は進化したと Cairns-Smith（1988）は力説する。それは粘土鉱物の個有時間は生物の個人的な時間に繋がるとの別表現であろう。したがって粘土鉱物を含む土にも当然時間が生まれる。それは土の生成に始まり消滅で終える時間で、土の一生を単位とする時間である。それを土の個有時間と呼ぼう。

　生物になると生命という時間があり、それは個有時間とは異質な時間であり、ヒトにおいて顕著で、気力がらみで短縮・延長しえると意識できる個人的時間（西山、2000）に繋がろう。

　ヒトにおいて、個人的時間は大きく変遷してきたと思われる。いわゆる４大文明の一つである古代エジプトにおいて、個人的な時間はどのようなものであったか。古代エジプトでは死後の世界の時間を強く感じていたようだ。洪水の訪れは天体の運行と合わせて確実に自然時間を意識していた。死後、ミイラとなって、神官による審判を受け、現世の時間の在り方が問われるようだ。当時の人たちにとっての焦点は死後の時間にあり、それは現世の時間が安穏に送れたことによって保証され、個人的な時間が意識されたことを遺跡は物語っているようだ。

　現代人は超純物質となる化合物を求めた。分子として、制御された膜構造として、超微粉体として、完全結晶として、そしてアモルファスとして、それらは鉱物を手本とするが、鉱物と対峙して出来る限り個有時間を排除したある原子の刻む時計時間に合う科学が律する物質としてである。

　私達はそのような時計時間が刻む時間に同軌する物質群に取り囲まれた空間をつくり、その中で同じ時計時間に律せられる生活を望んだようでもあり、あるいはそのように仕向けられているようでもある。タイマーの音に起こされ、テレビに映されたデジタル時計の数字に合わせて家を出て、タイムカードをタイムレコーダーに差し込んで1日の仕事が始まる。このような生活はいわゆる一般的な勤め人の日常であり、また一般人は公的機関にかかわるもの・ことを利用するにはそのような時計時間に従うように律せられている。

　しかしまた、時計時間通りに全てが動かないことは、科学の成果が明らかにしている。東海村の民間ウラン加工施設「ジェー・シー・オー」で核燃料の処理中に臨界状態にまで至った事故が1999年9月30日に発生し、また南極上空ではまだ年毎、大きなオゾンホールが開いてしまっているようだ。時計時間の延長を約束する科学の成果であるはずの核燃料、フロンガスが、それぞれ意外な展開を生み、かかわりある人たちの日常生活の時計時間を狂わせている。大きな時計に生活を合わせると、その時間が狂ったときの影響の大きさと、日ごろの時計の保持と管理のために時間を使うとの矛盾が見えはじめている。

　土の構成要素となる粘土物質は水と空気との間で交換反応をする。粘土物質は表面積が大きく、その表面がマイナスとなっている。したがってプラスイオンが吸着され易い。多くの粘土物質は層構造を取り、その層間に物質を取り込む性質を持つ。特に陽イオンについてよく調べられており、交換性陽イオンといわれ、それは外環境の状況に応じて層間を出入りする。したがって、土に埋められた廃棄物から漏れ出す成分が、水に溶け、あるいはガスとなり土中に移ると、土中の粘土物質と接し、反応をする。はじめは廃棄物から漏れ出す成分は粘土物質に吸着、吸収されよう。しかし、それには限度がある。限度を超えたときにどうなるかを考えないわけにはいかない。時間の逆行である。土が死を迎えるとき、悪が排出され、もとの岩石に戻るのである。悪とは廃棄物に含まれていた有害性の物質であったり、放射性物質であったりである。

　IT革命がどのように時計時間を個人的時間として消化できるか興味

がもたれる。それはもし時計時間の意識が希薄化されれば、さらなる個有時間と個人的時間との絡み合いが豊かになる可能性があるからである。

　図３に個有時間に個人的な時間が絡み合う前の様子を、そして図４に個有時間に個人的時間が絡み合い働き掛ける関係を示した。すなわち手放しに未来に任せるのではなく、現在を完成する方向に時間的調整を過去にそして未来に働きかけることである。たとえば図４中の変化の終了Aを都市化によって土壌が蓋をされ、瀕死の状態となった粘土物質は個人的な時間は現在を呼吸できずにいる状態とする。今土壌の蓋に穴が開けられ、新たな水と空気が通うような働き掛けがあれば、粘土物質の個有時間は活性化され回復され、図４中の現在に生きるようになろう。逆に過剰なまでに廃棄物に晒された粘土物質は、その許容できる以上の強制的にかかる過剰な変化によって図中の変化の終了Bまでに時間は引き延ばされ、未来の問題とされてしまう。今廃棄物の量を少なくするような働き掛けがあれば、現在の変化に対応出来るまでに時間は引き戻され、未来の不安は緩和されよう。いずれにしても過去に戻るのではなく、また未来に先送るのでもなく、現在に合わせられるように時間の同調が計られれば、粘土物質は四季折々の植物相を支える地球時間を呼吸するような土壌を、土を、そして大地を担おう。

　具体的な働きかけについて、土中での廃棄物処理を例として言えば、最も重要なことは廃棄物の量を少なくすることである。そして廃棄物中の有害成分の含有量を極力抑えることであり、埋没前に廃棄物から有害成分を事前に出来る限り除去することである。工業生産物質の再利用とリサイクルの運動は大きな、そして強い働きとして、国、企業、そして個人レベルで意識的に取り組み始められている。個人生活、生産活動、政治の選択の中にその成果が問われなければならない。

　生産活動について言えば、生産物自体とその生産量の妥当性の問題、生産方法と生産ラインの適不適がより根源的な問題となるが、生産活動が自由経済活動下で地球規模をもって行われている現状では、手短なそしてもっとも有効な行為は、個人においてもまた産業活動においても、

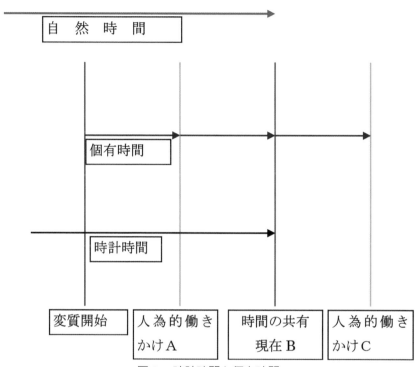

図3　時計時間と個有時間

自然時間は宇宙史、地球史などとして理解される変遷の流れ。
時計時間は科学が拠り所とする時間。
個有時間は具体的なもの、ここでは粘土物質が生成で始まり消滅で終わる粘土物質
が持つ時間。

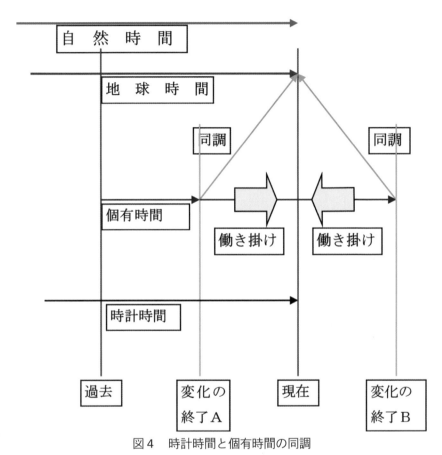

図4 時計時間と個有時間の同調

個人的時間が土の個有時間に働きかけ、地球時間と同調しながら現在を完成する方向に向かわせる。

不必要・有害なものを極力作らない・使わないこととリサイクルの推進であり、それを推し進める政治を選択してゆくことであろう。

このような社会的動体は、もしIT革命が時計時間を個人的時間として消化できるならば、大混乱を起こさずに推移するとの予感もある。しかし、工場・家庭からの廃棄・排出物が河川水と河川底土を高度成長期時代に著しく汚したつけは、今日その浄化が強く叫ばれ努力もされても、回復への兆しは見え始めているもののまだ道は遠い。同じ過ちをさらに土壌に対して、してはならない。

そのためには、土が、そして粘土物質が水と空気とを呼吸することを強く意識して、個人的な時間をヒトは、土のそして粘土物質の個有時間との間に強制・疎外から同調・共生が働くようにすることであり、そのような文化が息吹くことが待たれよう。土をそして粘土物質を、この課題に向けてのシンボル的な存在として、再認識する必要があろう。

5．まとめ

個別的な時間の流れを意識するヒトは、農業においては土に多くの変化を求めてきた。いやむしろ人は土に時間の流れを無理矢理に押し付けてきた。だが、土がもつ物性の箍が外れると、様々に押し付けられた時間が一気に露呈しよう。時間を過飽和に内在化した土は、いつかは時間を外在化する時を迎える。現在水は土から隔離される傾向がある所では、大地に砂漠化の傾向が認められる。その結果太陽の熱・光が乱暴に大地に働くようになり、気象に異状が現れるようになる。また土に放棄された諸物質は大気・水に組成変化をもたらす。土を住処とする生命にとっては脅威となる。各種ごみ・放射性廃棄物の土中への廃棄は時間の問題が常につきまとう。

私たちは土に対する態度を強制から共生へと変えねばならない。そこで土は生命を宿している所であるとの認識を強くし、土との時間的な共有を考慮する必要があろう。土の基点を粘土物質として捉えたとしても、その粘土物質は生命とそして水と大気との出会いの場であり、その

時空はかなり地域的な色彩が強いことを再認識したい。

　本章その１は西山勉（1989）：「粘土物質の認識」『東洋大学紀要　教養課程篇（自然科学）』33：67-75、その２は西山勉（2001）：「粘土物質の再認識」『東洋大学紀要　自然科学篇』45：69-81をほぼそのままに引用した。また本章その２の一部は日本粘土学会主催の第44回粘土科学討論会（2000年10月２日、北海道大学学術交流会館）にて発表した。

第三章　自然と環境

１. はじめに

　衣食住は暮らしの基本にある。衣食足りて礼節を知るといわれるが、衣食住を求めて必死となること、衣食住を豊かにしようとする意識、衣食住から離れようとする意識など、衣食住をめぐる意識・態度はさまざまにあり、それらは今日のあるいはこれまであった多様な文化の基調となっているだろう。個人が社会を構成し、個人と社会は不可分の関係にあり、衣食住は個人が示す意識の始まりであり、個人のあり方は社会・文化の有様の基となるからである。

　衣食住のそもそもは自然の中にそのままにあり、私たちは必要に応じて自然から衣食住を手に入れてきたわけだが、そこには自然の差異を意識し選択する行為が必ず生じている。人は衣食住への意識をさらに自然に働きかけ、衣食住を容易に選択・獲得しえるように手を加え、またそこに機能・好みを付け加えようとする。

　衣についていえば草木から繊維をとり編み物を作って染色するようになる。木や石器を使い動植物を採取することから、船を使い網や釣り針にて魚介類を取り、挿し木や種をまいて食材を栽培するようになる。住についてみれば、土を掘り、木を倒して屋根のある住居を作るようになる。金属が道具となればその行為はより容易となる。

　やがて、個人・集団が必要とする以上に衣食住が獲得できるようになり、分業と交易が進む。都市が生まれ、衣食住の生産場と消費地が２極化する。都市文化は衣食住の生産現場から隔絶され、衣食住から離れた思考がされるようになる。

　科学・技術の深化は都市化と無関係ではないだろう。科学・技術の活用により衣食住の自然への依存度が見えにくくなると、人の自然に対する認識が疎くなる。自然が循環していること、包容力に限りのあること

の認識が薄くなる。人為的自然の変質が循環に基づかない異質な時間と内容を含むことに気づくのに手間取ってしまった。

　もちろん人が手を加えずとも自然は変化する。風化作用によって硬い岩石は微粒子化しもろくなる。さらに重力、風、水によって岩石とその風化物は崩落・侵食・運搬・堆積などされて、地形・地質は変わっていく。

　生物は進化として纏め上げられる種の歴史的変遷がある。大地に生きる生物は土を掘り、土を耕し、土壌を作る。そのような生物にとって降水量・気温などの気象変化は大きく作用し、気候に依存した砂漠・草原・森林などの植生が形成される。

　そのように変化する自然とは異なる文化・暮らし・制度をもつ人は、他者とのさまざまな関係を通じて、自らの文化・暮らし・制度が変質されて、今日に至っている。この現在がどのような状況にあるかを認識することは、自然が大きく異質な変質が進んでいるとの心配をする私たちにとって欠かせない行為の一つとなろう。

　そこで、河川と土についての自然を、つづいて環境問題から現在の私たちのあり方を環境学として考えてみたい。

2．河川について

2.1　河川の存在

　自然は古くから、空気・水・土・エネルギーが見せる変化として理解されてきた。その水が関わる自然事象を挙げればきりがないが、河川はそのような中でも代表的な自然事象の一つである。大地に降水した水は地表面を流れ、また地下に涵養して地下水となって低いところを求めて下流する。その過程で水が大地の凹みを辿って地表を流れているところが河川である。水の流れが大地を掘り刻めば河川はより明瞭となる。だがそれはまた新たな変化の始まりでもある。河川は常に動き・変化しているのである。大地の地形・地質と大地の変位・変動とそして降水をもたらす気象とが関係し、さまざまな河川がそしてさまざまな河川の状況

が作り出されている。その基本は河川水は高きところの上流から、低きところの下流へと流れて海に出ることである。

　河川は決して一筋の流れではない。幾筋もの流れが出会い、水系をなしている。水系は降水した水を集める高みとなる分水嶺で囲まれた流域をもつ。地下水の流れは必ずしも分水嶺で囲まれた流域内に収まるわけではないが。

　水系内での流れを代表する河川を本流といい、その本流に流れ入る河川を支流という。さらにその支流に流れ入る河川と、河川は幾重にもある。そのような河川全体を水系というが、水系内の河川間の関係をストレーラーは次のように示した。まず水源にはじまるはじめの流れを1次の流れとし、二つの1次の流れが合流した流れを2次の流れと呼ぶ。同じ次数の合流では次数が一つ上がり、次数の異なる合流では高い方の次数を引き継ぐように合流後の流れを表して水系全体の流れを整理する。多摩川では水源が11,018カ所となり最高次数は8次となるという。河川について水系として捉える一つの概念となる。

　大雨・豪雨時には降水が直接地表を流れて河川となるが、一般的には降水は植物の葉や幹を濡らしてから地面に下り、落ち葉・枯れ草などを浸してから土壌へ滲み込み透水層を涵養して地下水となる。地下水の移動は速いところでも1〜2m/dayとゆっくりとしている。実際の河川では洪水時など最速で6m/s程度のようだ。地下水は時間を掛けて河川水になる。そこで雨が降らなくとも前に降った雨が地下水となって土から河川に供給され、河川は枯れることなく、常に流れ続けられるのだ。森林地帯の保水能力は大きい。さらに冬季の山に積雪が多ければ、ダムに貯水することに等しく、春先から夏にかけて麓の河川に水を豊かに供給する。

　透水層にたどり着いた地下水が、また加圧されて押し出され湧水となって地表に現れることもある。静岡県の柿田川はそのような湧水が水源となる河川である。

　河川は蛇行しながら低いところ、侵食し易いところを求めて流れる。曲がり箇所の外側では流れが速くなり侵食作用が強く働き淵ができ、内

側では流れが弱まり堆積作用が働き土砂を堆積させ浅くなる。また河川水は地形変化とあいまって流れの方向での瀬と淵を繰り返しながら下流する。山地から平野に出るところでは流れが弱まり土砂が堆積して扇状地を作る。石の多い扇状地では、河川水は石の間に隠れてしまい、伏流水となって流れは河床に隠れ水が見えないところもある。静岡県を流れる富士川でよく見かける風景である。

　増水時に河川水は流れの中央部が周囲よりも盛り上がるという。木材などの流失物が橋桁にかかり水流に抵抗ができ、橋を流し堤防を壊す原因となるので、橋桁に物がかからないようにすることが必要であり、増水時には水が橋の上を流れるように橋の高さを低くしかつ欄干を設けない潜り橋とする工夫もある。

　河川によっては増水時に堤防の決壊や下流域への増水を軽減するように、予め堤防の外に水を導くような工夫を堤防に施し、遊水地を設けて河川水を導き増水を和らげる工夫もある。

　大雨などで傾斜地の土砂が崩れたりして河川に流れ込むと河川水の比重は高まり、河床をかく乱する力が強くなる。増水の折には巨礫も位置を変えて下流する。そのような河川水も流れが弱まるにしたがって、大きな礫から小さい粒に分級しながら運搬してきた土砂を堆積していく。下流の平野部を流れる河川は流れが緩やかになる。土砂が堆積することで、徐々に河床は高くなる。川底を浚渫しないとやがて河床が堤防の外側の土地より高くなる。このような状態の河川は天井川という。関東平野を流れる利根川、荒川をはじめ日本の平野部を流れる多くの河川は天井川であり、氾濫しやすく、氾濫すれば止水しにくく被害は大きくなる。

　河口部で河川水は海に出る。土砂は海で堆積する。日本の多くの海岸平野は川が運搬した土砂で作られたという。

　河川は土砂だけではなく、目には見えない可溶性成分も水質として上流から下流に運んでいる。河川は物を運ぶ通路である。木を組んで筏として材木を山から里に流したし、鉄道・自動車時代以前は船が通う道であった。また河川の上空は開けている。河川は風の通り道でもある。

　河川の形態も一様ではない。急流、早瀬、淵、淀み、峡谷、滝、堰、などさまざまにある。河川の流路は直線でなく、蛇行となり、河川の流れを含め非対称性は河川の本質の一つである。かつて平野部での河川は蛇行しながら、その流れの位置をずらし移動していた。

　氷河期と間氷期での河川の水量と地盤の隆起沈降などの大きな変化は段丘として現在の地形に残る。

　堤防を築き、河川底を浚渫して、河川の流れを定常に保つことは今日の河川管理の基本であり、重要な仕事となる。そのことで日本の各地平野部での洪水の回避が可能となり、安定した農耕・工業活動・都市機能が成立できるようになった。

　日本は火山国であり、これまでに火山が爆発し、火山灰など噴出物が、風向きなどの気象状況に左右されながらその周辺を覆った。浅間山の1783年（天明3年）の噴火は北関東一帯に火山灰堆積による大きな被害をもたらした。その堆積物の流出はその後洪水を利根川に頻繁にもたらし、利根川をより天井川化した。今日の利根川の銚子に河口をもつ流路の改修、堤防と河床浚渫による河川水の管理はそのことと関係を強く持つようだ（小出博、1975）。1930年に30年を要して今日見る利根川の改修工事が完成したが、その間に動かした土量は2億2000万 m^3 となりパナマ運河工事の1億8000万 m^3 を凌ぐ大工事となったようだ（高橋裕、1999）。2004年9月に浅間山は中規模の噴火をしたが、天明規模の噴火が再度あるかもしれず、そのとき利根川は洪水の危険を孕む河川に変身するだろう。河川は危険を孕むものでもある。

2.2　暮らしと河川

　水は私たちの体の主成分であり、毎日水を飲まなくては生きていけない。そこで人は河川の近くに住む。都市に河川が流れているのは偶然ではなく、必然である。河川水は今日、水道水として飲料水・炊飯・調理・洗濯・シャワー・入浴・水洗トイレ・洗車・散水などさまざまに家庭用水として使用されている。都市では使用後の生活排水と一緒にトイレ用水は下水として処理され河川水に放流される。

今日私たちの暮らしはさまざまに生産された物質群に支えられている。物を生産する農業・工業・鉱業・養殖業などの現場では直接的にまた間接的に水のお世話を受けている。河川水が私たちの暮らしを成り立たせているといっても過言ではない。

　弥生時代以降今日まで、日本で水田による稲作を行っている。今日唯一の自給自足できる農作物は水田で作るお米である。日本人一人一日当たりの平均をみると日本の農業用水1226ℓ、生活用水352ℓ、工業用水278ℓに対し、世界の平均は農業用水1231ℓ、生活用水174ℓ、工業用水352ℓのようだ。農業用水は高い値を示しているが、世界の平均に当たるようだ。だが生活用水は世界平均の2倍と多く、工業用水は逆に低い。日本での工業用水が低いのは回収水の使用が78%と節水対策が進んでいるからのようだ。

　水の流れは動力として使われ、水車を回した。またタービンを回し発電する。その他、道路の除雪用水、公園の維持管理用水などさまざまな用途に水は使用されている。このような用水は直接河川から、また堰き止められ、さらにダムに一旦蓄えられてから使用されている。

　使用後の排水は処理後直接河川に戻されたり、地下にしみこませ地下水に涵養する。

　多くの河川で河川水は上流から下流する間に幾度となく利用と排水が繰り返されている。たとえば大井川（静岡県）には本流だけを見ても上流より畑薙第一ダム、畑薙第二ダム、井川ダム、奥泉ダム、長島ダム、大井川ダム、塩郷ダムの計7個のダムが設置されその間で取水と放水が行われる。畑薙第一ダムと畑薙第二ダムは水力発電用のダムであり、発電の余力がある夜間などに下流側の畑薙第二ダムの水は上流側の第一ダムに水揚げされ、再発電するような関係にある。

　河川は人にとっての障害物である。そこで常時支障なく河川を横断できる橋が設けられる。橋を架ければ両河岸間の人の往来、交易は容易となるが、一方では他者の侵入を許すこととなる。橋の架設は周辺の人々、社会にとって大きな関心ごととなる。

　河川は船による物と人の移動・運搬を可能にする。ただし河川水は上

流より下流に向けて流れるので、上流から下流への移動・運搬は容易だが、下流から上流への移動は困難を伴う。

　河川は河口を通じて海に繋がり、内陸部から内陸部へそして海外の遠方までも交易が広がる。特に道路網によらない地域では河川の果たす役割は今日においても重要である。

　水の豊かなところでは水の流れを街中に引き込み、街に潤いを与えている。山口県の萩、島根県の津和野、鳥取県の日野、岐阜県の郡上八幡、京都府の鞍馬、などがそうだ。

　水は岩石に比べ熱容量が大きい。また水は日常の温度圧力の環境下で容易に気体・液体・固体の状態（相）変化が生じ、その際に熱の出入りがある。液体状態の水は熱容量が大きく、水の相変化時の熱の出入りは地球表面の温度変化の緩和に大きく寄与している。近年、大都市では地表面が建物・道路などで広く覆われ、植物や土による水の蒸発などによる熱の調節機能が働かず、夏に酷暑となるヒートアイランド現象が多発し問題となっている。

　このように河川水は、直接的に暮らしの水として、また暮らしに必要なものを生産する水として、さらに暮らしに豊かさと快適さをもたらす電力や環境の維持と管理整備にと、さまざまに暮らしとかかわりをもっている。

2.3　生態系を支える河川

　河川水は降水に由来する。集中豪雨などのように大量の降雨が短時間の内にあれば水は土にしみ込むよりも地表を流れて直接河川に流入するが、一般的には降水は土壌にしみ込み、地下水となり徐々に河川水に加わる。その間にさまざまに生態系を潤し陸生生物とかかわりあう。

　洪水のように多量に河川水が河川を流れる時は通常の流路をはみ出して水は周囲に流れ出る。周囲に流れ出る分だけ水量は減少し流速も弱まる。河川は蛇行しながら流水量に応じ流水域を広げながら徐々に流れる。地形の斜度、地質の柔硬などの様子、そして地形変動の歴史と降水の様子などにより自然が河川を作ったが、人が田畑を開き、治水し、河

川を管理するようになると、河川は人為的に変えられてくる。その行為は概して流路を直線的に短縮するように堤防を築く。したがって大雨時に河川の水量は急激に上昇し流れは速くなり、河川水は一気に下流に向け流れる。増水時に小・稚魚などが避難する流域の氾濫地はできず、雨が止めば直ちに水が引いてしまう。氾濫地は葦原となり水質浄化と水生動植物にとっての生態系に寄与が大きいようだ。

　流路を直線化し、堤防を高くし、水を効率よく流すことは、河川の最小流量に対する最大流量の比率を高めることとなり、季節を通じて河川水を安定して流すこととは逆の行為となる。河川の管理システムの選択として、最大限自然の営みを尊重するのか、最大限科学技術に依存するのかがある。実際の選択はその間にあり、水需要と水供給を均衡させるよう最大限の科学技術を生かしつつ、自然生態系を高い優先順位にあてて、状況によっては十分に情報を提供した上で、許される不自由さをあえて選択するような柔軟な管理システムが望まれる。

　河川に生息する微生物から、昆虫、魚介類、それに鳥類、また藍藻、藻、葦などの植物は河川による固有の生態系をなしている。河川の改修工事によるコンクリートの水路化、雑排水による水質汚濁、外来種の動植物の混入などで固有の生態系が崩れている場合も多い。水田・畑地からの農薬、工場廃水からの重金属類、ゴルフ場からの除草剤・殺虫剤、焼却炉からのダイオキシン、合成樹脂から溶出する環境ホルモン、一般排水からの洗剤などが河川に流入し、生活用水として上水化する際に、また河川流域の生態系を保守するのに負荷を掛けることが問題となる。このような水質を悪化させる物質の混入を未然に防ぐことが必要である。規制、監視、監督、罰則、優遇、奨励など働きかけがおこなわれまた検討されている。また河川改修も単に効率的な排出路としての工事から自然に即した改修への変更と、多くの人が日ごろから河川に興味を持ち僅かな変化にも強く関心を寄せることが監視につながり、水系の生態系を保持する働きとなる。

　河川水に予め有害成分がない場合にも、河川水を水道水に用いる際に衛生上の観点から塩素処理をすることで有機物は発ガン性の塩素化合物

に変わるようだ。下水の混入などの汚染が進むと水処理に塩素を多く必要とし危惧が増すなど問題は深い。

2.4　物質循環と河川

　降水が河川水のそもそもの源であり、河川水は下流して河口にて海に至る。降水は海より蒸発した水蒸気が凝縮したものであり、河川は海 ── 水蒸気 ── 降水 ── 河川 ── 海と巡る水循環の一部を担っている。

　降水は海水または地上から蒸発した水蒸気が凝縮したもので、蒸留水に近い。海水に溶解している塩類は一般に無揮発性成分であり蒸気圧は低いので降水に入らず、海に残留する。風の強いとき海水が飛沫となって空中に浮遊したものが降水に入る場合があり、海岸近くでの降水にこの影響がある。

　陸上に降った降水は岩石から可溶性成分を溶解して河川に運ぶ。水は岩石に働き可溶成分を溶かし、岩石を微粒子化する。岩石が微粒子化することを風化という。風化作用に水が大きく関わる。水が岩石を溶かす速度はきわめて遅く、その溶かす量もわずかである。そこで風化は長時間掛けてゆっくり進む。降水は岩石成分を溶かして地下水・河川水となって流域から流れ出る。乾燥地帯では降水の多くが再び蒸発する。そこで一旦岩石から溶け出した成分を含む水が重力で地下に流れるより蒸発作用で水が奪われることで、毛細管現象によって地下より地表に水が移動し同時に溶出成分も地上に移り濃縮し、ついには塩類が析出する。このようになると大地は硬くなり、植物にとって生育し難い状態となり、農耕には適さなくなる。河川の水は単に上流から下流に水を流すだけでなく、風化作用で水が溶かした成分を海に排出する重要な働きもしている。

　地下深くなると地温は上昇し圧力も高くなる。温度と圧力が高い状態の水を熱水という。熱水は岩石と強く反応し、岩石を変質する。これを熱水作用といい、岩石はこの作用で粘土化することがある。火山地帯の温泉水は岩石を変質・溶出した成分からなる場合もある。火山地帯では

地下に岩石が融解したマグマがあり、そこから初生的な水が温泉水として排出される場合もある。しかし日本の多くの温泉水は降水が地下に浸透した地下水からなる循環水のようだ。温泉水が流入するような河川では、岩石起源の溶解成分が高くなり、火山地帯を流れる河川では上流部でそのような傾向となる。なお、一般に湖は水が長期間滞留して岩石成分を溶解・濃縮するので、特に火山湖では温泉成分が入るため岩石の溶解成分が高く、そのような湖を水源とする河川も上流で溶解成分が高い。たとえば、諏訪湖を水源とする天竜川は上流で溶解成分が多いが下流にいくにつれて支流から流入水で薄められて徐々にその濃度は低下している。

　すなわち河川は河川中の魚介類の水産物を私たちにもたらすのみならず、海の幸・陸の幸を育てる役割も果たしているといえよう。都市など人の活動が著しいところでは人が生産し消費するさまざまな物質か破棄・排出され河川水に混入する。そのなかにはもともと自然界にない化学種も多いだろう。河川水を飲料水に用いる際に水質基準の対象となる化学種がますます増えることとなる。生物がまた微生物がかかわる物質も河川水に入りまた河川から出る。このようにさまざまな要因で河川水はその水質を変えながら河口から海に出る。陸の状況は海に伝わる。森の豊かな陸は生き物の豊かな海を育てるといわれる所以である。また海で成育した鮭は河川を遡上し、人・熊・鷲に捕食され、海からの成分を陸にもたらす。このことは豊かに生き物を育む海は、陸の森を育てることともなる。水が降水 ―― 流水 ―― 海水 ―― 水蒸気 ―― 降水と物理的循環をするだけではなく、水以外の物質も河川を介して生き物が海 ―― 河川 ―― 陸をめぐる循環の補完をしている。

　鉄道・自動車による輸送手段が導入される以前の江戸から明治に掛けてまでの日本の社会は、河川を基盤とした上流から下流、下流から上流の流域社会があった。流域社会同士は陸路で結ばれるが、扇状地より上流では盆地を除き、その結びは弱い。上流部の河川は急流や、瀬と淵のある流れ、段のある流れなどであり、船で上流にたどるには苦労を要する。上流部は山里として孤立する。中流部の盆地から扇状地、そして下

流部は海に面する平野となり広域社会が発達する。沿岸部では河川同士は海を通して船で結ばれ、北前船のように広範囲に海を介した流通交易が開かれる。

　河川を利用した船による川筋に沿っての交通・運搬システムから鉄道・自動車を利用した河川を橋で跨ぐような鉄道・道路による交通・運搬システムに変わると、河川を管理するシステムはダム、堰堤など川筋を堰き止める施設の設置が容易となり、河川は河川水が流れるフローとしてもつ機能から、河川水を貯留するストックできる機能に河川認識の重点が移った。このことにより河川について、河川の本質としてある河川水が流れ循環することの自然認識が弱くなり、河川水を貯留する器に技術的に改造できる人造物としての意識が強くなったと思われる。列島改造では自然物なる山・川も、砂場の砂で作る山・川と同様視される。このような自然認識が薄れた高度経済成長期時代における河川の荒廃はすさまじい。河川は廃棄物処理場、ゴミ捨て場と化した。都市部では小河川の多くは埋め立てられたり蓋をされたりされ、その上を自動車が通る道に変えられた。

　降水が激しいときは地表土をも河川水に運ぶ。土砂崩れなどあればその程度はさらに増す。激しい濁流は河川床を大きく掘り起こし、巨礫までも下流に運ぶ。

　堤防を決壊し、堤防を溢れ出た水は、洪水となり流域内の低地を冠水し、同時に土砂をそこに堆積する。洪水による堆積土は耕作土として優れるが、家屋の浸水、農作物の冠水など河川の氾濫に伴い被害が発生する。今年（2004年）は台風が24号まで発生し、その内の10個が日本に上陸し、多くの被害が出た。台風23号は10月22日に円山川の堤防を豊岡市で100ｍほど決壊させ、豊岡市内の7割を水没させ、高速バスの乗客をバスの屋根に上がらせ腰あたりにまで増水で迫った。

2.5　資源としての河川

水資源として河川は多様である。

かつて河川の水流が動力用の水車を回したが、今日水車は観光用の

みに細々と回転する。代わってダムからの落差をつけた水流がタービンを回し発電・送電され、電気として利用される。発電に使われた水は下流側で再び河川中に放流される。河川水は水力発電以外に生活用、農業用、工業用の用水として直接またダム・堰堤にて貯留され利用される。日本における水収支を見ると年平均降水総量は6,500億 m^3/年、その内平均水資源賦在量は65％の4,200億 m^3/年で蒸発散量は35％の2,300億 m^3/年とされ、河川水は農業用水に535億 m^3/年、生活用水に126億 m^3/年、工業用水90億 m^3/年、養魚用水40億 m^3/年、水力発電6億 m^3/年、消・流雪用水6億 m^3/年とそれぞれ使用されるようだ（「日本の水資源　平成16年版」国土交通省、土地・水資源局水資源部編）。

　水資源をストックとフローとしてみると海水、氷床、湖沼はストック、河川はフローの関係にある。各河川についてみればダムはストック、河川部はフローとなる。

　ストックとフローとして河川を捉え、水を管理することは貴重な水資源を生かす上で大切である。河川を通して環境をストックとフローの思考を通してみるとみやすい部分がある。

　水道水事業にとって河川水は重要な資源である。平成13年度の日本全国での都市用水の取水量は291.3億 m^3 であり、その内訳は河川水が74.4％、地下水が25.6％となる（「日本の水資源　平成16年版」）。下流部での取水は水質を維持するために高度浄水処理を必要とし処理費用が嵩む。「東京の水はまずい」との悪評を返上する事業を東京都水道局が行うという（『朝日新聞』2004年10月23日）。都内の水道使用量は1992年度を境に減少傾向にあるという。水質を高くしかつ使用量が減ずることに耐えること、これは資源に共通する重要テーマであり、かつまたこのことは社会的取り組みとして必然的に議論され、持続的発展、循環型社会、ゼロエミッションなどへとつながろう。

　農業用水はもちろん農産物の生産と関係しよう。日本の食料自給率は40％で60％は輸入しているという。米の生産には生産量の1000倍の水を必要とするようだ。大豆でも430倍、小麦は190倍の水を必要とし、食料の輸入は間接的な水輸入となる。そのような水を仮想水というよう

だ。

　河川・湖沼に棲息する魚介類は私たちにとっての貴重な資源である。河川はまた先の物質循環の項で述べたように、海の幸・陸の幸を育てる役割を果たしている。特に沿岸での水産資源にとって重要な役割を担う。漁業関係者が沿岸の水源地の森を守る運動を起こすのもその理由である。河川の水質管理がされないと、後の環境の項で示すように熊本県の水俣湾で23年間もの間漁業ができなかったような事態となる。

　河川のある風景は変化と潤いがあり、観光地となり、河川が観光資源に資している。

　水源税を導入する場合には、税が自然を意識できる中での徴収となる必要がある。

3．土について

3.1　大地としての土

　陸地の表面である大地はさまざまな地形と地質からなる。海洋の表面は水面という共通する平面を成す。水面下では水が常に流れ動き、一時として同じ水がそこにあるわけでは無い。大気との間では蒸発と降水として出入りがある。また詳しく水面を見れば大気圧の変化と風の様子によって、水面は時々刻々微妙に変化し波打ち複雑に変わる。時には津波などの大波もある。その点大地は不動である。大地の変化は風化作用といわれ、ゆっくりと時間をかけて行われる。時には地震による振動変位、土砂崩れによる移動・変形、洪水・強風による侵食・運搬・堆積作用による変化が加わる。今という現在に大地は固有の地形・地質をもつ。

　地形には平地・台地・山地があり、渓谷・谷地・盆地などがある。地質には砂漠、土壌、湿地；火成岩、変成岩、堆積岩；礫地、砂地、泥地などと違いがある。谷底に水が流れれば河川であり、平地の窪地に水がたまれば湖沼である。河川・湖沼も大地の一部とみることもできよう。そのような大地は陸という。地球表面は海と陸と大気よりなる。海の表

面を海面、陸の表面を大地という。このように定義もできようが、琵琶湖のような大きな湖の湖面を大地とは言いにくい。自然界の定義には常に幅があり、不確かさがあり、限界がある。定義は自然の内にあり、自然は定義を超えた存在だからである。

　大地と水との関係は、海と陸の関係だけでも、渓谷と川との関係だけでもない。大地それ自体が水を含む。大地が礫・砂・シルト・粘土のように粒子からなれば粒子間の隙間、これを空隙というが、空隙は水が満たすことができる。地下水では地下に涵養した水がそのような状態にある。地下水面は空隙が全て満たされた地下水の最上面である。地下水も重力の影響で低きに移動する。降水が多ければ浸透する水が多く地下水面は高まる。礫や粘土などの粒子の表面に直接接する水は粒子の表面と強い関係を持ち、空隙を満たす水の挙動とは異なり容易には移動しない。微粒子の粘土では同じ体積の砂に比べ粒子表面積が大きく動けない水が多くなる。それが粘土の不透水性であり、粘土の地層は不透水層となる。

　さらに粘土粒子についてみるとその多くは規則的に原子が配列した結晶であり、その結晶構造は水分子あるいは水分子の部分が存在する特異な鉱物（粘土鉱物）からなる。水と大地の間に粘土が土壌・泥地帯・風化帯として広く分布する。

　植物は大地に根を張り、水と栄養素を根から吸収する。大地を構成する粒子の空隙中の水を吸収する。栄養素を持つ動きやすい水が適度に根の周りにあることが植物の成長にとって必要である。このような構造が土壌であり、独特の微粒子からなる構造を持つようである。動物の食の基本は植物である。植物の繁茂は動物にとって好ましい環境と一般的には言える。人も農耕を始めて人口が急激に増加できたように、今日においても、豊作が豊かさの象徴である。その豊かさを支えるのは大地であり、土と水が支え、土の内部構造が重要となる。大地から水が涸れ、土の構造が壊れるとき、植物は育つことが難しくなり、動物は個体数を減らし、種の保持が困難となる。

3.2　生活を支える土

　ヒトは農耕・牧畜を行い大地から多くの食材を得てきた。日本では稲作を古くから行い、主食として米を田んぼから得てきた。山間でも傾斜地を棚田に作り稲作をした。平野部の湿地帯、沼地・潟地の多くを埋め立てて田畑とした。

　大地は、宅地として、広場として、市街地として、都市として、工業地帯としても使用されている。

　森林・林は、空気を浄化し、水を蓄え、気候変化を和らげる場であり、また生物の宝庫でもある。私たちは森林・林に心を癒されるだけでなく、木材、炭・薪を得るところでもある。

　都市・市街地と森林・林、すなわち人が作り出した空間と自然味が残る空間の間として、里山が注目されている。雑木林から落ち葉を堆肥として畑に入れて作物を作り、雑木林の木を間引き炭薪を得、下草を刈って林を管理するような自給自足的な生活が里山としてかつては成立していた。

　市街地・都市・工業地帯として土地利用が進むと森・林との中間地帯として土が見える里山が強く意識されてくる。

　地力を生かした生活は、地域活力の基盤となり、地域文化の要となろう。都市においても公園に、川沿いに、歩道に、そして空き地に、植物の緑があるようにしたい。植物の生育状態から土と水の関係が読み取れる。植物が枯れるような都市は人にとっても生きにくい場所である。これからの公共広場、施設を計画・設計する場合は優先順位の一番に植物が生育できるかどうか、そして植物が生育する空間があるかが検討されなければならないだろう。大地に埋没されたさまざまなガラクタ・ゴミ・廃棄物などはやがて地下水に移り植物の根に到達する。そのとき植物がどうなるかが、都市が廃墟となるか栄えるかのバロメーターの一つとなろう。

　都市部において人口の集中化と人・物の流れの激化は今後もますます進むかのように、地下鉄・地下街が、地上では高層ビル群として生活空間を広げている。これら空間は土を隔絶し、水を嫌う。降水のない空間

と降水により潤いをもつ大地との関係は、地球規模で進行している大地の乾燥化・砂漠化の都市版とならないよう心がけなければならない。

ここでも「人間が自然環境において支配を保とうとするならば、その行為を一定の自然法則に順応しなければならない。自然法則を出し抜こうとすれば、つねに自己を養ってくれる自然環境を破壊することになる。そして、その環境が急速に悪化すると、その文明は衰亡する」とV. G. カーター、T. デール（1975）は言う。

3.3　土の多様性

地球の自然・環境・資源は有限であり、日本は小さな島国であり、火山国であり、列島の中央を山脈が連なっている。台風の通り道である。豪雨・豪雪の被害がある。地震国でもある、などが基本的なものである。

土の利用について、洪水、高潮、地震などで地域による個別の被害が出る。埋立地など土地利用の歴史的変遷が災害結果に現れる場合がある。ハザードマップなどにより日ごろから住んでいる・生活している地域の様子を知っておく必要がある。

災害と変化とは対を成す。変化は新たに悪しきことと良きこととを生む要因である。良きこととして風光明媚な風景を挙げることができよう。

大地は硬いところと柔らかいところなどがある。硬いところは岩石である。岩石は地下のマグマが冷えて固まった火成岩と、地下でマグマに作用されて生成される変成岩、堆積物が地下で圧密されてできる堆積岩がある。

岩石は地上で水と空気とその運動、動植物・微生物の働き、温度・圧力変化などの作用、それを風化作用というが、その作用によって微粒子化する。粒子は大きさで大きいものから小さいものに、礫、砂、シルト、粘土と分けて呼ばれる。

岩石は圧力・牽引力・せん断力などの力によっても砕かれる。大地に力が加わる地帯は構造破砕帯といわれ、断層などが多くあり岩石は砕か

れ微粒子化している。

　また氷河が岩石を磨り潰しながら動く。このようにさまざまな原因で岩石は微粒子化する。岩石が微粒子化する方向をデグラデーションといい、逆に堆積作用で下部の岩石が圧密され岩石化する方向をアグリゲーション（続生作用）という。そして風化作用がありこの３作用は土の硬さと柔らかさの変化に関係する概念を提供する。

　地球全表面510億 ha の29％の148億 ha が陸地で、陸地は森林生態系（30％）、草原（20％）、不毛の地（35％）、農耕地（10％）、都市（１％以下）となっている。日本では森林64.0％、……となり、日本が緑の国であることが分かる。

　陸地は温度と降水量により大地を覆う植物の状況が大きく変わる。年平均気温25度以上では年間降水量が多いと熱帯・亜熱帯多雨林だがその量が減ずると雨緑樹林、サバンナ、砂漠（乾燥荒原）と変わっていく。20℃程度では降水量があれば照葉樹林が、10℃程度だと夏緑樹林となり、降水量が少ないとステップさらに砂漠となる。５℃になると針葉樹林が、０℃を下回るとツンドラ（寒地荒原）が現れる。

　地中にも生物は生息し、水深4000ｍの深海底下4000ｍの堆積物中にも微生物がいるという。微生物は地下のさまざまな温度（超好熱菌150℃）・圧力・水質（pH、酸化還元状態、塩濃度など）の環境下に適応して、その存在量（バイオマス）は地表に生息する生物量に匹敵するともいわれる。

3.4　資源としての土

　ヒトが大地に降り立ってから、大地と新たな関係をもつごとに、ヒトの生活は大きく変わったようだ。石を拾って歯では割れない骨・殻を打ち砕いて中から髄や実を得た。石を持って強い動物や高い木を倒し、やがて土を掘って柱を立てて住まいを作る。石器時代となる。土を水で捏ねて形を整えてから乾燥し火で焼いて焼結し器・土偶・煉瓦などを作るようになる。また粘土板に葦片にて刻みをつけて楔型文字として情報を記録する。また農耕を開始し、土を利用する古代文明がメソポタミアで

開かれ、古代都市へと発展する。

　木と青銅の古代中国の文化も開かれる。石を切り出しピラミッドにした古代エジプト、そして大理石の建造物・彫像を作った古代ギリシャ、石積みの水道施設を作った古代ローマの文化が誕生する。鉄が冶金され武器、農耕具に使う鉄時代は、製鉄を木の木炭から石炭のコークスに変えてから大量生産が可能となる。このような産業の力は人口の増加を支え、さらに科学技術の確かさが増し鉄金属・セメントそして人造繊維・樹脂などが大量に地下資源から生産されまた石油・石炭がエネルギーとして大量に消費された20世紀が過ぎた。

　21世紀に入った現在、自然環境の変化と悪化が心配されている。資源を大量に消費した結果として廃棄・排出した物質群が地球規模に累積して深刻な環境問題が発生しているのだ。物質を大量に生産・消費する文明はヒト種の絶滅を早くに導くとの危機感から、地球は有限であり地球規模に見合った生産・消費をしようとの「持続可能な発展」なるスローガンが出された。それは1992年リオデジャネイロでの国連環境開発会議においてであり、その後も自然環境の保全と開発についてさまざまな国際的な取り組みがなされている。砂漠化の防止、炭酸ガス排出量の削減などその成果を早くに出さなければならない。共通する地球意識を持った新たな文明への大きな転換ができるかが今世紀の課題であろう。

4．環境問題と環境学

4.1　環境問題

　日本における4大公害訴訟は水俣病、新潟水俣病、イタイイタイ病そして四日市ぜん（喘）息とされる。以下に環境史年表（下川耿史編、2004）を基にこれらの問題の経過を示してみたい。

　水俣病：1954〜1956年5月1日「原因不明の奇病発生」、1963年2月メチル水銀化合物、新日本窒素（現・チッソ）水俣工場の汚泥、1972年12月5日患者総数344人うち死亡62人、1995年10月28日水俣病被害

者・弁護団全国連絡会議は政府・与党の最終解決案を受け入れ、事実上の決着、1997年7月29日熊本県が水俣湾の安全を宣言、仕切り網が撤去され、23年ぶりに漁業が復活。

　新潟水俣病：1964年10月新潟県阿賀野川流域で後に新潟水俣病と認定される患者多数発生、1967年4月18日厚生省研究班が新潟水銀中毒事件は昭和電工鹿瀬工場排水による第2水俣病と発表、6月12日新潟第1次訴訟。初の本格的公害裁判。1975年11月26日患者数611人うち死者30人、1982年6月21日第2次訴訟提起、1996年2月23日和解成立。

　イタイイタイ病：1946年3月22日富山県神通川流域、リウマチ性の患者多発、イタイイタイ病の初め、1967年4月5日三井金属鉱業神岡鉱業所の廃水、1971年6月30日鉱業所排出のカドミウムが主因と判決、1972年8月9日名古屋高裁金沢支部が第1次訴訟に対する三井鉱山の控訴を棄却、支払命令、会社受諾、第2～7次訴訟も和解。

　四日市ぜん息：1961年夏、四日市ぜん息集団発生、1962年8月16日四日市市塩浜地区で初の公害検診、気管支系疾患顕著、1964年4月2日ぜん息患者死亡犠牲者第一号、1972年7月24日津地裁四日市支部が石油コンビナート6社の共同不法行為を認め、賠償金支払いを命じる。6社控訴断念。

　いずれも工場や鉱業所からの排水・廃水中に有害成分が存在したことによった。

　これら4大公害訴訟の内、水がかかわっている事象は3件であり、2件は河川水が汚染された事件であり、河川が汚染されると如何に多くの人が被害・影響を受けるかが示されている。

　有害成分が直接被害の原因となる場合と、間接的に被害の原因となる場合がある。前者の場合にも低濃度の有害成分が食物連鎖により濃縮されて被害に至る場合などその因果関係を知ることが難しい場合がある。後者の場合はさらに複雑となる。フロンガスのオゾンホール事件がある。フロンガス自体は安定で人に無害な化合物で、冷媒、洗浄剤に有用な物質として人々に歓迎されて登場した。しかし、このガスが大気中に

漏れ出ると大気上層にあるオゾン層を破壊する働きのあることが分かった。オゾン層は太陽から来る生物にとって有害な紫外線を遮蔽する働きがあるが、そのオゾン層が破壊されると地表に太陽からの有害な紫外線が漏れ出て、皮膚がんなどの発症率が高まることが指摘されている。

　大気中の炭酸ガス濃度が化石燃料の大量消費により地球規模で増加していることは明らかである。このことが直接私たちの健康を害するわけではない。しかし、大気中の炭酸ガス濃度の増加は地球温暖化を促し、気候の変動、海水面の上昇が懸念されている。地球の温暖化が進行するとある時点にて大幅な地球環境の変化が起こるのではないかとの議論がされる。現在の暮らしのし易さの多くが化石燃料の消費に依存していることとの関係で、炭酸ガス問題は深刻となる。

　特定の工場および工場地帯などから排出される化学物質などがその地域の人たちの健康に被害をもたらすことは公害といわれる。日本では1960〜1970年代に公害の因果関係が検討され訴訟問題となった。4大公害訴訟については先に述べた。公害の発生防止のために大気、廃水、廃棄の規制と罰則の国、都道府県、市町村での行政的対応が整備されつつある。工場規制だけではなく、各家庭、個人での対応が求められている。タバコのポイ捨ての規制は個人の問題となる。規制とともに税による対応、奨励金による対応などが行われまた検討されている。地球レベルでの環境問題についての国際的な取り決めも行われており、その実行に向けての努力がされている。

　人口増と生産力強化、生産力強化と環境悪化、持続的発展、循環型社会、ゼロエミッションなどについて考察されている。経済学では市場の外にある環境問題を内在化しようと試みがされている。市場に社会資本が関係付けられるように、社会的共通資本として社会資本と自然資本を配し、さらに市場と社会資本と自然資本との関係を制度として社会関係資本を捉えようとする試みも提出されている（諸富徹、2003）。

4.2　環境学

自然事象の理解は、自然事象を紐解いて得られた科学的法則によって

行う。科学技術的行為に基づいた自然への人為的関与は、その関与した目的についての効果のみが問われていて、目的以外の効果は多く不問とされた。自然に問題となるような事象・変化が現れても、明らかな因果関係がある場合を除き、その影響は低く見積もられている。

　自然事象は一回限りの出来事的な質が常にあり、必然を探し、因果関係を科学的に確定しようとすると、自然のあまりにも包容力があり、時間的、空間的、質的に歴史性、個別性があることに直面する。しかも事象の発生・変化の予測をしようとすると、物理の本質の一つである不確かさが現れ、数理の揺らぎがその追及をかわすように用意される。

　結果を見てから先に進むだけでは精神が萎える。バックミラーだけを頼りに運転はできない。前を見て進むことは欠かせない。私たちの目は顔の前面にあり、足は前に進む構造を持つ。私たちにとって前に進むことが幸せなのだ。機能を発揮することで満足し、幸せを感じるのだ。それが人の歴史的、個別的なあり方なのだ。すなわち私たちは幸せを探して前進しなければならない。しかし、それは科学的な時間に対する物質的数量的な増加を意味する単なる成長・進歩にないことは明らかであろう。そのことは資源の枯渇、環境の悪化と、地球が有限であることに起因するからである。身を滅ぼすことを避ける本能が生き物である人にはある。では意識的に知的に避ける方法は、そしてその先に見える明かりとは、そのことを考察し探求し実行する行為が環境学なのだろう。

　当面の明かりが自然そのものにあるとは思われない。あるがままでは済まされない。すでにパンドラの箱をあけ、賽を投げてしまった。自然を征服し、自然から抜け出ることを発展とする文化に染まり、かつ実行してきた。

　環境学は、更なる自然の破壊と自然からの離脱の歩を早急に緩める必要があり、現在の社会・経済の在り方を見直し、自他規制の法理を合意した上で有効に働かせる必要があろう。それは制度であり、選択である。制度の大枠は憲法にあるが、その見直しと具体的な諸法制の点検整備が問われよう。選択するには判断材料となる現状の情報の整理と判断の倫理性の検討は欠かせない。当然のことだが自然の破壊と離脱に大き

く関わった科学技術の本質を深く学び知らなければ、そこから抜け出て安心と安全にいたる道は開かれないだろう。

　他によって初めて己を知ることができる。他とは環境である。環境を問うことによって己が分かる。己を問うことの本質は少なくとも環境学の根底にあるはずだ。法の理・経の理・物の理・数の理・生の理・地の理・心の理が環境学の諸理となろう。それらはあくまでも相対的なものであり、ここでは環境を己の理なる鏡に照らしみてみた。井上円了は「諸学の基礎は哲学にあり」とした（東洋大学アイデンティティ委員会、1990）が、諸理を内在化して哲学となりさらに諸理を外在化して環境学が意識されるのではないだろうか。

　礼節を知って衣食住に足ることの実証と行動規範を環境学は求め示す役割があろう。

5．まとめ

　河川と土は自然にあって、私たちの生活・暮らしと深くかかわっている。

　水を毎日飲まなければ生きていけない。多くの工業製品は生産時に直接・間接的に水を必要とする。また稲作は水田で行う。そのような水の多くは河川から取水する水によっている。

　私たちは土の上に住み暮らしている。食材は多く土で育て得ている。石油・石炭・金属などの地下資源は私たちの生活を支えている。このような河川と土について述べた。

　私たちは河川水を使い土の上で暮らす間に、多くの物を水に流し、土に捨ててきた。人口も増し、近年扱う物の質・量ともに多様・多量になってきた。その結果が公害を生み、地球規模での環境汚染の問題が生まれた。

　そこで私たち地球の有限を意識して暮らし、急いで適切で持続可能な社会と暮らしを定めなければならない。知力を総動員してこの問題に取り組み、新たな思考・行動の指針を生み出す必要がある。環境学はその

ような規範を示す要であり、法の理・経の理・物の理・数の理・生の理・地の理・心の理・哲の理が環境学の諸理となろう。

　なお、本章は西山勉（2005）:「自然と環境」『東洋大学紀要　自然科学篇』49：167–181 をほぼそのままに引用した。

第四章　環境学について

　知識の整理は知識の増加と対を成す。人があることを意識し、そのことが固定されるとその人にとっての知識となる。個人から集団へ、親から子へとその知識が伝わり知識は増大する。増大した知識はやがて知識間に関係があることが理解され、整理され、まとまりある知識群が意識できるようになる。そのような知識群が学問の始まりだろう。諸知識の根本について、疑い深い人は、その根本をたどり、詮索する。哲学の道が拓かれる。意識とその根源、知識群とその根本、学問と哲学、その関係を井上円了は「諸学の基礎は哲学にあり」と捉えた。個別科学はお互いに差異を求めることから離反する傾向にある。だが、その根本に思考の普遍としての哲学が求められることで、その離反も現象だとして安心して受け止められる。

　さて、知識はさまざまな自然現象から学ばれてきたが、また知識を自然の仕組みに働きかけもした。特に18、19世紀に入って実験という知識群を引き出す操作を伴う学問が形成され、かつ大学にてそのような近代科学の教育が多くの学生にされるようになる。近代的科学教育はリービッヒにより1826年に創設されたドイツ・ギーゼン大学「化学・薬学研究所」での講義と並行する実験教育から始まるという。

　20世紀はその近代科学から多種類のまた多量の物質群が生み出され自然の仕組みの中に多様に持ち込まれた時代である。20世紀の後半になると、そのような物質群は生み出した人の意図とは無関係な作動をし、さらには生き物である人と反目し始め、自然の仕組みにとって不都合な、つまり自然環境と折り合わない事態が目立ち始める。不都合な事態は、局所的な公害から地球的規模の環境問題にまで拡大している。日本における4大公害訴訟は水俣病、新潟水俣病、イタイイタイ病そして四日市ぜん息とされる。水俣病は1954〜1956年ごろ原因不明の奇病が九州の水俣にて発生、新潟水俣病は1964年に新潟県阿賀野川流域で後

に新潟水俣病と認定される患者が多数発生、イタイイタイ病は1946年に富山県神通川流域にてリウマチ性の患者が多数発生し、四日市ぜん息は1961年夏に石油コンビナートの三重県四日市でぜん息が集団発生したことから認知され始めた。

　21世紀は、個人の意識の状態と生活様式、社会経済と社会制度の状況、情報の扱いと流れ、生態と植生の様子、気象・大気の変化・変動、地形・地質の変化、地球の様子と宇宙との関係などについて意識し、整理する時代となろう。それらを束ねる学問の状況はどうであろうか。少なくとも近代科学の流れにある現代科学においては局所的に発生した問題についての解明・対処に機能しているが、その問題発生の根本・予知に関しては試行錯誤の状況が続くのだろう。

　政治が選択する社会状況は、世界を二分する特異な状況にないが、依然として平和とはかけ離れた社会環境・状況が随時世界のどこかにありまた発生している。経済状況もそれら国・地域においてのみならず、常に混迷状況は繰り返されてくる。また世界規模に見れば人口増と消費文化が求める資源・エネルギー量はさまざまな選択・決断を国連・国・地域そして社会・個人に強いるだろう。

　すなわち、人が生活し、活動する際に自らの意思で選択・行動する方向・規範を明示する必要に迫られており、その成果が21世紀は問われている。選択の方向・規範の開示は環境学が担い、「諸学の基礎は哲学にあり」に対峙して「環境学は諸学の意味を問う」として諸学の向かう先に環境問題を正視できる環境学があるとして考察する必要がある。多様性が尊重される今日ではあるが、人々が共通する願いとしてよりよく生きたいとの希望は共有しよう。よりよく生きるには心身が健康でなくてはならない。水、空気そして食事がおいしく豊かでありたい。そして死への否定的争いではなく生への肯定的挑戦を望む。そのような状況・環境を求め維持してゆくことが正に環境学の基幹となる。

　決断の実行は誇りにあろう。人類が頭脳優秀な判断力に優れた種であるならば、諸学をもって構築・融合・収斂する先に明かりがあるとして選択・行動することは当然できよう。その自信・誇りがないならば、人

とて生物の仲間であって、自然環境の中に身を素直に置き直す方策が選択され行動が起こされるのである。これまでに多くの問題に遭遇し、学び得た知識を学問として蓄えてきた。だが、地球有限を認識した現在、それら学問に再編方向付けの必要を思考する。多種多様な学問は融合・収斂され、新たな生きる場・地球に模索・創造する規範学問としての環境学が意識される。

このように諸学を諸学のままにせず、融合・収斂させ、人の諸活動が選択する方向と意味を開示する環境学を、哲学と対峙する実相を求める学として、強く意識したい。

環境学と諸学との関係を哲学との関係で位置づけ図式化すると次のようになる。

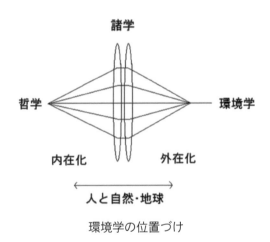

環境学の位置づけ

なお、本章の内容は文理シナジー学会（東京文化会館、2005年2月20日）にて発表した。

第五章　物の見方、考え方

物質世界に広がりを願うある思考

　些細なことに強く関心が向く時があります。そのことで、主目的についての思考が進まなくなります。さてそのときどうしますか。些細なことは切り捨てて主目的に何がなんでも戻りますか。それともその関心ごとの内にも目的につながる大きな質が隠されているのではないかという思い入れをしますか。どうも私は最近、後者の道に関心を持っているようです。後者でも深入りして何かがつかめればよいと思います。さて、最近そのような気の引かれましたことにつきまして、思考は浅いままなのですが、いくつかを披露させていただきます。

●川は流れる

　私は研究のために川の水を取りに出かけます。川を見ていますと、流れは次から次にきて、そして先へ先へと進んで行きます。ふと思いました。このまま流れが真っ直ぐズーッと進むと、地球は丸いので、やがて元のこの場所に戻るだろう。だとしますと、自分から一番遠くに離れているところは、自分の背中に当たります。

　振り返る先が、私から最も遠いところなのです。しかし自分の背中は自分では直接見ることはできません。鏡を借りるしかありません。そのことは、他を知って初めて自分を知りえるともいえます。ですが、もし自分自身を自分から知りえたなら、その知はとても深いと思いました。"井の中の蛙大海を知らず"という諺があります。広く世に目を向けなければならないことを諭す言葉だと思います。その下の句として"されど天の高さを知る"があると聞いたことがあります。また達磨さんは、9年間座禅を組んで瞑想し、悟りを開き、あのような己から動かない究極の姿に抽象化されたとも聞きます。

川の流れる自然がだんだん狭められる様子に接しますと、空間的広がりから精神的高さを、そして精神的ゆとりから集積した空間へと、それぞれに克服していく情熱が必要であると強く感じます。

●知る喜び

知ることとは、新しいことを知るだけではありません。無知を知ることもあります。前者ではそのことで新鮮な喜びが得られ、後者では何故か安らぎが得られます。

一方、知らないということも、知っていることを知らないでいることと、無知であることを知っていないこととがあるようです。前者では悔しく思いますし、もし後者なら虚しいです。

知っていたり、知らなかったり、人生生きている間にはいろいろ思い感じることがあります。うれしかったり虚しかったり、また悔しかったり満ち足りたりです。

●自信について

ふと、私は自信を持っていいのか、私はただ悩み続ける存在なのか、そのような意識にとらわれるときがあります。そのとき次のような考えに至ったことがあります。

その意識している問題は個人的資質にかかわる問題なのか、生物的進化にかかわる問題なのか、はたまた物質的問題なのかと思いました。

個人的資質の問題ならば、悩むしかありません。情熱が戻るのを待つのみです。生物的進化を背負う問題ならば、安心すると良い。人間はコンピューターに勝る歴史を持っている。そして、物質的問題ならば、更に良い。今したいことをすればと思ったのです。

●感性と理性

人には理性と感性とがそなわっています。理性には科学的思考と倫理的意向が、そして感性には美的感覚と宗教的超越がありましょう。そのような理性と感性が反目する場面にしばしば遭遇しています。

　人が他人と全く関係なく、自分だけで生きられるならば、その感性と理性は分裂したままでもかまいません。しかし、お互いの生活空間の重なりが強まる以上、そのままではすまされません。といって、理性と感性の自由さは失いたくはありません。

　ならば、お互いの理性と感性の新たな関係を模索してはどうでしょうか。

　私たちの知的構造はゲシュタルト心理学によると一元構造のようですが、認知心理学によると多元構造となります。ここでは後者の多元（多重）構造と外部知性の活用に注目します。外部知性としては今日の情報処理機能や将来の人工知能が思われます。

　さて、現在の状況は知を内在化し、個人の理性と感性を覆うよう期待されています。ここでは逆に知を外在化させることを提案してみます。

　知を外在化しますと、知を獲得する重圧から人間は解放されます。知性によって人は評価されません。すると、理性と感性が蘇り、生きている本質が感じられるようになります。そのようにして初めて、知によって分離固化した理性も感性も、同根にあるとの意識が回復されます。そして、かつての人間が裸の猿となって衣服を纏って外環境に対処したように、その外在化した知のマントを装って個人の理性と感性が表出できましょう。

　このようになれば、多様な知のマントに着替え、自由な感性と理性によって着こなす、そのようなファッショナブルな新感性文化が登場します。それは、まだまだ肥大化し、そして硬直化して、化石化する心配のある物質文明から私たちを救う方策となるかも知れません。そこでの大学の役割は知性の獲得が目的とはなりません。感性と理性の導出が仕事となりましょう。

● 答えのある世界と無い世界
　答えのある世界と答えの定まらない世界が出会いました。答えのある世界が答えの無い世界に向かって、「結果がないですね、何もしていないですね」と叫びます。答えの定まらない世界は「分かりきったことが

何で面白いのですか」とひややかに見下します。以降、次のような会話がありました。

「分かろうとしないからではないですか」

「結果ではなく、思考する過程が大切なんです」

「過程とは結果があって言えるのです」

「結果を前提としてはいけません」

「結果とは内容を含みますよ」

「もちろん。その内容について言っています」

「それでは内容が定まらないと言うのですか」

「いや内容があらかじめ定まっていないと言うのです」

「では、あらかじめ内容はないが、内容はやがて出てくると言うのですか」

「いや、出てくるかどうかもあらかじめ決めつけられないということです」

「ですが、出ることは望んでいるのでしょう」

「もちろんです。そのために議論しているのです」

「それでは私達と同じではないですか。結果には答えがないという内容も含んでいるのです」

　陰から声が聞こえます。「行政的には答えの無い結果は結果ではありません」

● 前提から成る世界

　ある前提から成り立つ世界があります。前提あるいはそれからなる規範は構造を生みます。前提が変われば当然世界は変わります。

　かかる前提を知らずに多くの人間は生きています。前提が変わると世界の構造は変わります。その時人間はどうなるでしょう。人間はその構造に合うように、自ら変わりましょうか。それとも世界が変わったと気がつき、意識的に自己変革が出来ましょうか。あるいは、その世界からはみ出したまま存在するのでしょうか。そしてやがては消えるのでしょうか。

● **生きている**

　今まで心臓が躍動していました人が、その躍動を止め、黙って横たわっている姿に接するときほど、物的には類型でも質的には全く違った存在だと強く意識することはありません。温かい血潮が脳に躍り、新鮮な思考がほとばしり出ていた、まさにその人が、今や硬直し、冷たき物体と化してしまっているのです。無情を強く感じると共に、そこに訪れた質的変化は何なのかと深く思います。

　それは可能性の消失ではないでしょうか。思考し、行動し、生活する可能性は消失しています。しかし、死者は生きていたときとは別の、物的形骸には妨げられず、時間の制約から解放された、もっと自由な世界に進み入ったとも考えられます。私たちは社会そして家族の成り立ちが必須とする歴史において、故人が意識され、故人はそこに生きています。

　ここまで考え及びますと、不思議と死者の顔が安らいで見えました。無情感も薄らいでいます。また、消失した生きる可能性から新たに進み入った物質・時間を超えて生きている世界への必然的移行が、私たちに認識できるようになれば、この世の物質的・時間的世界に新たな安らぎが訪れるだろうとも感じました。

　なお、本章は西山勉（1995）：「物の見方、考え方」『サティア』（東洋大学井上円了学術センター季刊）17：26-28を引用した。

第六章　還暦考

概要

　還暦とは干支の暦で60歳（満）にて生まれた時の暦に戻ることを言う。十二支と十干からなる干支の表をドーナツ（トーラス）体面に移すと、5公転による6回ねじりの螺旋が現れる。十二支が時間に、そして十干が生活場に当たるならば、個人の人生経験はトーラス上のその螺旋にあり、それは還暦の60歳にて閉じる。現在日本人の平均寿命は還暦を大きく超えている。干支表には隠れた干支があり、それはトーラス上で本来の干支と二重螺旋をなす。還暦後にその隠れた干支を体験すれば、人生は都合120歳となる。

1．はじめに

　多くの日本人は還暦が60歳（満で）を指すことを知っていよう。また還暦に近い人はその言葉から定年、引退、老人、隠居、孫などが容易に連想できよう。定年、老人などは個人的な関心事であるが、同時にそれらは平均寿命が大きく伸び高齢化社会となる日本での社会的な問題事項でもあろう。そこで、還暦は個人においても社会においても現代に生きている言葉であり、その意味を考えてみる意義はあろう。

　還暦はそもそも中国の暦である干支に由来する。干支は、時の巡りを示す十二支と天地間の全てを示す十干とから編年される、60年周期の暦である。この暦によれば、自分が生まれた年の干支名は60年後に再び現れるのであって、各個人は60歳で還暦となる。干支の暦を図式化し、それを私・個人との関係で捉えてみると、還暦を通じてそこに隠れている干支が意識できる。還暦を個人における時間と場との関係として考察することは、理と文のシナジーに大いに関係しよう。

2．還暦と干支の図式化

十二支は古くから1年12カ月をまた時刻を表した。季節の移りは12カ月の1年毎に繰り返し、また時刻は昼と夜と交互に1日毎に繰り返すことから、十二支は自然における時間の巡りと捉えられよう。

一方の十干は木、火、土、金、水の五行の陰陽をいい、この五元素によって天地間の全てが定まるという古い中国の思想であるが、それは私・個人にとっての自然空間であり生活空間の全てであるとも解釈できよう。

干支はそのような十二支と十干を基本として、十干が甲、乙、丙、丁、……と移るのに合わせて十二支が子、丑、寅、卯、……と順に絡まり甲子、乙丑、丙寅、丁卯、……のように干支名が順に生まれる（表1）。十干が1巡しても子から始まった十二支はまだ戌、亥の二つが残る。十干が6巡すれば十二支は5巡して余りなく合わさり、次は初めの

表1　干支表

0.甲子	10.甲戌	20.甲申	30.甲午	40.甲辰	50.甲寅
1.乙丑	11.乙亥	21.乙酉	31.乙未	41.乙巳	51.乙卯
2.丙寅	12.丙子	22.丙戌	32.丙申	42.丙午	52.丙辰
3.丁卯	13.丁丑	23.丁亥	33.丁酉	43.丁未	53.丁巳
4.戊辰	14.戊寅	24.戊子	34.戊戌	44.戊申	54.戊午
5.己巳	15.己卯	25.己丑	35.己亥	45.己酉	55.己未
6.庚午	16.庚辰	26.庚寅	36.庚子	46.庚戌	56.庚申
7.辛未	17.辛巳	27.辛卯	37.辛丑	47.辛亥	57.辛酉
8.壬申	18.壬午	28.壬辰	38.壬寅	48.壬子	58.壬戌
9.癸酉	19.癸未	29.癸巳	39.癸卯	49.癸丑	59.癸亥

表2　十二支と十干の組み合わせ

		十二支											
		子（鼠）	丑（牛）	寅（虎）	卯（兎）	辰（竜）	巳（蛇）	午（馬）	未（羊）	申（猿）	酉（鶏）	戌（犬）	亥（猪）
十干	木の兄（甲）	甲子	甲丑	甲寅	甲卯	甲辰	甲巳	甲午	甲未	甲申	甲酉	甲戌	甲亥
	木の弟（乙）	乙子	乙丑	乙寅	乙卯	乙辰	乙巳	乙午	乙未	乙申	乙酉	乙戌	乙亥
	火の兄（丙）	丙子	丙丑	丙寅	丙卯	丙辰	丙巳	丙午	丙未	丙申	丙酉	丙戌	丙亥
	火の弟（丁）	丁子	丁丑	丁寅	丁卯	丁辰	丁巳	丁午	丁未	丁申	丁酉	丁戌	丁亥
	土の兄（戊）	戊子	戊丑	戊寅	戊卯	戊辰	戊巳	戊午	戊未	戊申	戊酉	戊戌	戊亥
	土の弟（己）	己子	己丑	己寅	己卯	己辰	己巳	己午	己未	己申	己酉	己戌	己亥
	金の兄（庚）	庚子	庚丑	庚寅	庚卯	庚辰	庚巳	庚午	庚未	庚申	庚酉	庚戌	庚亥
	金の弟（辛）	辛子	辛丑	辛寅	辛卯	辛辰	辛巳	辛午	辛未	辛申	辛酉	辛戌	辛亥
	水の兄（壬）	壬子	壬丑	壬寅	壬卯	壬辰	壬巳	壬午	壬未	壬申	壬酉	壬戌	壬亥
	水の弟（癸）	癸子	癸丑	癸寅	癸卯	癸辰	癸巳	癸午	癸未	癸申	癸酉	癸戌	癸亥

注：表中の実線は干支の干支名順を示し（表1と同じ）、破線は虚の干支（本文参照）を示す。

甲子に戻る。したがって、それぞれの干支名が1年となれば60年で元に戻り、すなわち還暦となる。

　さて、干支は次のような図式化もできる。まず、縦が十干、横が十二支となる表を作れば、干支は表中の斜線上に連なる（表2）。次にその表を紙ごと丸めて表の上と下を合わせて円筒とし、その円筒を円環状に曲げて左右の切り目を合わせればドーナツ体（トーラス）となる。そのトーラス表面上で干支を連ねた斜線は6周する螺旋となっている（図1、写真）。多様体において円板の中心が1公転する間に円板がn回転する場合に円板上のある点の軌跡は円板の中心線の周りをn回まわる螺旋を描く。これをn回ねじりのPL同形というようだ（松本幸夫、1991）。そこで円板を十干として、中心線となる十二支の周りを1公転する間に1.2回転させる。すると1.2回ねじりのPL同形となる。1.2回を整数にするために円板を5公転する。すなわち、干支を写した多様体は5公転による6回ねじりのPL同形に等しい。なお、表の縦横を入れ替えて縦を十二支、横を十干としてトーラスを作ると、干支はトーラス上で5周の螺旋となる。この場合は6公転による5回ねじりのPL同形となる。

　その干支の螺旋には入れ子構造があろう。1年の時間の内に季節の巡りが、また1日の時間の内に昼と夜の巡りがそれぞれあり、それらは螺旋構造となって干支の螺旋構造の内に収まるだろうからだ。

　自然・生活空間に私はこころと体を置く。前者が兄ならば後者は弟、前者が陽ならば後者は陰である。時間が自然・生活空間を構成する他者を回るとき、私のこころと体の時間とが共鳴すれば、それが現在であり現実と認知する。その軌跡がトーラスの螺旋である。

3．干支と個人

　時を把握しようと振り返れば、過ぎし過去が切れ切れにまとまりもなく立ち現れる。それぞれの断片に留まっても、かすかに時の流れが意識できるが、その多くは大地に打った水のようにその姿は定まらず、過去なる大地に吸い消されていく。未来に目を向ければ希望と不安が空に浮

図1　干支のドーナツ体（トーラス）

注：ドーナツ体の大きなリング面上の細線（10本）は十干
　　を示し、そのリングを切るように描いた12本の細線は
　　十二支を示す。両組線の交点は表2中の干支名に当た
　　る。交点の内黒丸の位置は表1に示した干支に当たる。
　　他の交点は表2中の隠れた干支（虚の干支）となる。太
　　い実線は干支を表しトーラス面上で螺旋となる。それは
　　5公転による6回ねじりのPL同形となる。なお、太い
　　実線は入れ子構造となり、各年毎に季節の螺旋を、さら
　　に1日毎に昼夜の螺旋を内蔵する。また虚の干支は一部
　　破線で示したが、実線干支とは二重螺旋となる。

写真　干支のドーナツ体模型
（大塚正則氏作製、2015）

かぶ雲のように明らかな形をとるときもあるが、それとてもしばらくすると漠としておぼろになる。五感と知覚によって把握される現在には過去と未来が後先にあるはずだが、過去を向けば体験は分散し、未来を見越すと不確かさが強くなる。

　干支は十二支と十干からなり、自然に対しては時間の経過に伴う万物の様子を示す。また、私・個人にとっての干支は実生活の現場であり現実を意味する。したがって私・個人にとっての干支は経過した生活体験の軌跡と重なり、干支の巡りは人生そのものとなる。そこで、私がその現実を日記として干支のトーラス面上に貼り付ければ、私の螺旋日記は還暦にて完成する。それは私の歴史となり、私を固定する。このように時間の経過が個人の体験として干支のトーラス上に螺旋として残る。トーラス面上では体験軌跡の絡みがよく見えるし、トーラス面上の螺旋として私の人生をまとめられよう。個人の時間と場が競った過去の事実は個人の心に個別的に固定されるのだろうが、干支の暦によれば個人の過去帳は分散せずに螺旋となってまとまり、個人の過去の確定が容易となり、しかも過去の解釈の見通しもよくなるようだ。

　暦を計画表（スケジュール）とすると、それは時間を未来に延長する。その延長は意識の外在化であり、スケジュールは個人そのものである。

　私の死とはドーナツ体（完成、未完を問わず）から私の時間が自然の時間へと乖離することであろう。それは自然の時間の流れから私のドーナツ体が沈降し始めることでもある。過去においてもまた現在も、さまざまなドーナツ体が沈降し堆積し、人類の歴史がつくられる。時間の流れに浮遊する多様な未完のドーナツ様体すなわち書かれつつある日記群の多い領域が現在であり、現代である。時の流れから沈降した堆積物は過去の遺跡となる。堆積された過去は歴史として確定されるが、またその場でも時空の相対的な変質は進むだろう。

4．隠れている干支

　十二支の時間の流れか、十干の場の移りかが一つずれると、従来の干

支にはない甲丑、乙寅、丙卯、……のような十干と十二支の組み合わせが現れる（表２）。それは60年周期の隠れた干支となり、従来の干支が実相であれば、この隠れた干支は虚相となろう。

日本人の平均寿命は女性83.82歳、男性77.19歳（1997年）であって、多くの日本人は還暦より長い人生を体験することとなる。そこで還暦後の人生をこの虚相に対応させてみた。人生の全ての結果が自然であるとするならば、実相からは見えない自然が虚相であり、虚相は隠れている自然相となる。個人の実相から虚相への移相は還暦から始まり、還暦は虚相を理解できる年齢の到来を意味する。そして虚を認識できれば、そこにそのものとしてある自然が自ずから見えてこよう。

実相は現実ではあるが、それは意識しなければ認識できない。一方の虚相は自ずから感じる、より根源的な認識であろう。実相認識には科学が有効な手段となったが、虚相の認知には特に科学を必要とはしない。虚相を体験するには60年の実相の体験が有効に働く。実の干支をすでに体験した人が初めて虚を認識できるともいえよう。実相からみると虚相は物足りなく、また虚しさとして感じられる。しかし、虚相にはその実相を超える何かがあると感じられる。それは、超越とか空しさであり、悟り・聖感から虚 —— 無までの幅があろう。それが何であるかは60年間の実相体験に応じた各個人に自ずと感じられるのだろう。還暦を迎えればこの虚相が実相を包含する関係にあるとの認識も生まれよう。なぜなら、虚相から実相を思い至れば自然がさらに確かに見えてこようからである。

老齢とはその虚の体験が増すことを意味し、個人の自然への回帰は虚の干支の60年を要する。実と虚を全うするには60年の実と60年の虚の年数、都合120年が必要となる。すなわち、人の一生の基準は120年となる。それではあまりにも苦労が永くなっていやだという人はそれを無視するだろう。するとその人にとっては元通り60年周期の現実世界のなかでのみ生きることになる。

こうも考えられる。虚相から先に生きた人は還暦後に実相を体験することになる。多くの人はこの両極端の間を生き、実相と虚相とを交互に

訪れながら生活しているのだろう。また一日の内でさえ覚醒状態が実相で、睡眠状態は虚相を体験しているのかもしれない。

　さらに、この隠れた干支を私自身にかかわる他者との関係として捉えることも出来よう。実・虚の関係となる二重螺旋を私・個人と他者との関係に置き換えてみる。この場合は他者との共感、すなわち時間を共有出来る他者の存在（家人、友人など、あるいは生を感じる第三者動植物でも、美術品でも）があれば、他者に私・個人の現実を移せば、私・個人はその時間での虚の場を体験できる。その虚相は安らぎとして感じられるだろう。

　虚なる場は実時間と絡んで、隠れた干支にある。これを虚の干支とし、従前の干支を実の干支と言おう。時間が虚かもしれない。実の干支と虚の干支とを同時に体験することはできない。そこには飛躍・断絶がある。場と時間の両方が虚となればマイナスとなり、還暦後においては螺旋上のある過去と完全に重なる。そのとき時間は私の時間ではなくなり干支のトーラスから乖離して自然の時間に還元される。それが個人の死なのかもしれない。完全に同じ時空の体験は個人の完全なる完成である。現在を過去へと振り捨てながら、現在を未来へと導きつづけるのが生であり、未来が過去に重なり現在が失せることは、それは死であろう。死によって個人は確定されるが、その干支トーラスは個人の時間の流れを止め、自然の時間の中に沈降していくのだ。

　早春に梅の花を見る。昨年もこの木は同じように咲いていた。今年もこの梅花は春の訪れを告げている。だが、この梅の木は昨年より年輪を一つ確実に増していよう。花が咲き、春の巡りがこの梅の木に訪れたが、この梅の木自体はその生活の場を変えていて、干支のトーラスの螺旋を回りつつ、新たな花を咲かせているのだ。このことは私にも言え、今梅の香りを嗅いでいる私は、娘が結婚し、生活に変化が生じた。春の訪れは近い、だが決して全く同じ春との巡り合いではない。干支トーラスの螺旋構造を回っているのだ。

　全ての生き物は干支の螺旋を回っている。全くの同じ出会いはないのである。だが根本的に異なる出会いもないのである。皆今という時間に

生きている。そして今という時間に出会っている。その流れを共有した現実を日記に固定しているのだ。どう現実を日記に固定するかが生きることであり、その作業が現実を未来につなげるのである。現実は私を包む時間と空間なのである。と同時に他者にとっての時間と空間でもあろう。その個の螺旋の形成能が周りの時間と空間に働きかけて、社会・文化といわれるある時間と空間の構造化が成り立っているのだ。

　そして虚の干支に生きる私・個人は自然をそこに認めるのである。

　インターネットなどの通信は他者との時間の共有関係に大きな変化をもたらしつつあるが、インターネットをするその個人は時間を干支トーラスの螺旋に絡ませながら確実に120歳に向けての人生を生きるのだ。

5．まとめ

　還暦は60年周期でもとの暦に戻るという干支に由来する。干支は十二支と十干が基となるが、両者をトーラス上に移すと干支はトーラスを6周あるいは5周する螺旋として描ける。私・個人にとっての時間は十二支が、生活空間は十干が対応する。それらの出会いが現実であり、その体験・経験が人生を成してゆく。そのような干支トーラスの螺旋が完成するのが60歳の還暦に当たる。しかし、日本人の平均寿命が60歳を大きく超えた現在、干支の暦に隠れた干支があることを気付かせる。それは虚なる空間・時間における体験で、還暦後から始まる老齢の体験事象ともいえる。この体験は他者との二重螺旋の関係としても捉えられる。虚の干支は還暦から始まればその全うは60年を要する。すなわち、人の寿命の完成は実の還暦である60年と虚の還暦60年の都合120歳と思われる。干支トーラスの螺旋から個人の時間が自然の時間へと乖離することが個人の死であろう。

　なお、本章は西山勉（2000）：「還暦考」『文理シナジー』（文理シナジー学会）4.2：17-24を引用した。

第七章　個人的時間と現在

1. はじめに

　個人的に時間を考えることが最近多いようだ。時間経過の不等感と、現在の状況、社会的な時間関係事象などである。時間経過の不等感とは、定常的な仕事が同じ時間感覚の内に収まらないことである。最近同世代の人達からの第一線からの引退の便りがしばしばあり、己を映す鏡のようでもあり、現在の状況を観察したいとも思う。また高齢化・少子化、ボランティア、リストラ、フリータイム、ワークシェアリングなどが社会経済にかかわる社会的事象として語られる。個人的時間の有限性が意識できる。そこで、己が個人として捉えている時間と、それを通してみる社会をここでは示してみたい。

2. 個人的時間

　時間といえば時計を見る。他と関係する時間は時計にある。自然科学は時間を時計が刻む針の進み、デジタル表示される数値と等置している。だが、己が感じる時間の進行は、多く時計の時間ではない。充実した時を持った時、また気持ちが乗らない時の経過は、時計時間とは異なる時間が流れているようだ。そのような時間を個人的時間としよう。個人的時間は個人が個人的に意識する時間経過である。それは、時計に因らずに感じる時間である。己は個人としてあり、他者と共に社会の内にある。社会は自然に支えられてあるという文化認識を持つ。

　時計時間との関係で言えば、仕事を終えた時点での両時間の差が喜びや落胆と関係し、その時間差をどう個人的に捉えられうるかが、充実感となったり焦燥感となったりして、また個人的時間に戻されるようだ。

　社会にまで個人的時間を敷衍すれば、はっきりと意識できる。過去も

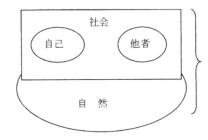

文化　このように文化を捉えようと
すること自体、ある文化の内にある。

未来も、現在に凝縮されると。現在はエネルギー獲得に未来が見出せ
ず、自然環境への過去の行為に償いを強く意識する状況であって、個人
的時間を現在に強く引き付けざるを得ないだろう。つい過去の、時間が
物質・空間に広がり得た時代から、今や時間を収斂する時代へと移行し
つつある。

3．個人的時間における現在

　様々に時間は現在にある。私は意識して、また無意識の内に習慣化し
た行為をする。そして状況・状態に応じて行動（思考を含む）する。そ
のような行為・行動において他者との関係を意識すると、時計時間が動
き始めるようだ。瞬間が個人的時間の基本単位であろう。その瞬間は脳
活動におけるニューロン・レベルの活動とすれば10ミリ秒の時間[1]と
して外部測定者に観測されるのだろうか。しかし、その脳が意識できる
時間は多様であって、たとえば地球や宇宙の誕生からの経過時間とされ
る45億年や150億年から、片や中性子が原子核の中で核を一周するのに
10^{-23}秒ほどかかるという表現[2]も意識・認識できる。
　時間経過の感覚は、個人的な尺度によるのであって、浦島太郎は竜宮
城での暮らしを黒髪から白髪への変化に、また芭蕉は「夏草や兵どもが
夢の跡」と自然の勢いに時間の経過を感じたのではなかろうか。
　物理的な時間の非対称性は己の非対称性の投影ではないかとヒュー・
プライス[3]は問い、対称的な時間反転宇宙論と可能な経験主義的帰結
の探索を勧め、過去は未来に依存するとの「先進作用」の可能性を議論

95

する。

　生と死の他者にみる非対称性は社会場を介して反転すれば、老いは意味を生む。この反転こそ、瞬間の過去・未来との共鳴にあって、過去に現在の意味を伝える行為となるだろう。

4．現在とかかわり合う過去と未来

　誰でも未来を思うだろう。その内容は個人個人によって異なるであろう。ここでは未来なるものが、私にとって、どのようなものかを考えてみたい。

　現在は今という瞬間にある。瞬間は個人的時間の基点であり、素点である。その瞬間はすぐに、ある領域を持つ。その領域に未来があると感じる。そのような未来は現在に内包されていると言えよう。瞬間の他の瞬間への移行は過去・未来を生む。瞬間の未来への共鳴は、実時間となり、その流れは時間の矢となって、現在から未来に向かう。

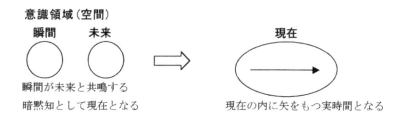

　杖に頼る人にとっては、杖はその人の体の一部となり、その人に含まれる。杖の先での知はその人の知であり、それを暗黙知とするならば、未来は現在の暗黙知となる。

　現在に含まれない未来について考えてみたい。

　現在は、ここにいる私という物的己に、まとわりつく存在である。現在に含まれない未来は、その意味での存在ではない。

　未来が暗黙知となって現在に含まれるか否かは、その未来の遠近（時計時間における現在からの）とは関係しない。未来が暗黙知となってい

れば、その未来が遠かろうが近かろうが、現在として存在するのである。

　次に、過去について考えてみる。過去は私が行った行為・体験に関係してある。行為・体験をした何かは、私の脳のどこかに記憶に関する物的活動残滓が残存していよう。歴史について言えば遺跡が、そして化石があるように、そのように過去は存在する。しかし、その存在は現在における存在そのものではなく、あくまでも過去の存在は現在を通して再現される存在である。過去は、現在の私が解釈・認識した存在なのである。

　未来と過去の違いは、過去は現在の外にも存在することである。もちろん暗黙知となる過去は、現在の領域に内在する。だが、現在から断続した過去は、その存在を意識すれば時間的かかわりが生まれる。それを虚の時間としよう。虚時間は時間の矢に逆行して、現在から過去に向かう。

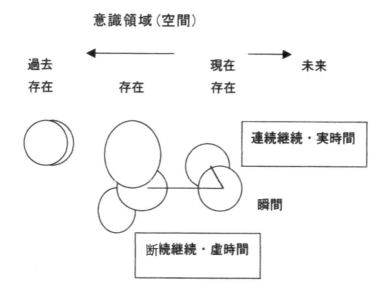

それに対して、暗黙知として現在にある未来は、実の時間にある。同

様に暗黙知として現在にある過去は、実の時間にある。瞬間はあくまでも、時間の基点であって、時刻に相当する。瞬間から過去・未来へと連なる現在の領域が、実の時間である。

この場合も、実時間が時計時間的に短く、虚時間は時計時間的に永いという関係では決してない。実時間はあくまでも、今という現在にある時間であり、虚時間とは現在から見る現在の外の時間である。

実時間と虚時間は、実時間は虚時間でなく、虚時間は実時間ではないという関係であるが、実時間ではない時間が虚時間であるのではなく、また虚時間でない時間が実時間であるということでもない。

実時間と虚時間は独立している。したがって、実時間のみ意識する人もいれば、両時間を十分に意識する人もいる。要するに瞬間に過去と未来を暗黙知として大いに生かせれば、実時間は豊かとなり、それが生である。その実時間を介して過去を虚時間として見るのが、人生である。当然実時間が豊かならば、それだけ人生が豊かになろう。

瞬間に実と虚が共存し、満ちて実が虚に置き換わればマイナスとなり、人生は寿命として完結するのだろう。

老齢化社会に虚時間の浸透が待たれる。実時間は宇宙空間に延長するのか。実時間の延長と虚時間の浸透とは、現在の有り様を局在化されない存在へと誘おう。

現在の時間意識は多元化している。経済活動での利息は価幣価値の時間への参入であり、賃金は労働の時間化である。利息と賃金の変動は、社会活動の時間を遅速する。フリーター、ワークシェアリングは、現代社会における個人的時間による時計時間を調整することの一事象であろうか。

5．まとめ

自然の移ろいは時間の環と矢を示す。そのような120回の微螺旋が、個人的時間の一区切りとなる人生を写し取るトーラス（ドーナツ体）を意識する[4]。意識は、虚時間を遡り、現在を通じて個人的過去を至福す

ると直観する。

　なお、本章の一部は『文理シナジー学会』（2002年5月24日、富士総合研究所）にて発表した。

1）フランシスコ・J・ヴァレラ：「現在 —— 時間意識」（齋藤暢人訳）『現代思想』青土社、29-12、p. 175、2001

2）谷畑勇夫：『科学』72、2、p. 157、2002

3）ヒュー・プライス：『時間の矢の不思議とアルキメデスの目』（遠山峻征、久志本克己訳）講談社、pp. 276・392・393、2001

4）西山勉：「還暦考」『文理シナジー』4.2、p. 24、2000、本書第五章還暦考参照

第八章　心　の　旅

はじめに

　私・個人にとっての干支は実生活の現場であり、干支の巡りは人生そのものになる。そして、個人の時間と場が競った過去の事実は各個人の心に個別的に固定されているのだろうが、干支の暦によって個人の過去帳は分散されずに螺旋形となり、個人の過去が確定され、過去の理解と解釈の見通しが良くなるようだ、とした。このことは私・個人の過去の解釈としてだけではなく、皆様・個人にとっても過去を見通しこれからを生きる参考になるのではないかと思った。そこで、干支の戊辰（1988年）から壬寅（2022年）にかけて思い感じたことを、時間経過に添って干支トーラス面に張り付けるように119断片の文章を示した。

　　　その１．戊辰（1988）── 己卯（1999）断片1-53
　　　その２．庚辰（2000）── 辛卯（2011）断片54-93
　　　その３．壬辰（2012）── 壬寅（2022）断片94-119

　人は生を受け、人生が始まり、生を離れて、人生は閉じる。その間に様々な時間の流れを生きる。家庭生活の流れがある。学校教育の流れがある。仕事の流れもある。社会、友人、趣味、闘病、などなど、人は各々に様々な流れが意識でき、それらの流れは大きな自然の中を、お互いが関係し合いながら流れている。
　皆それぞれに、幸せを望み、思考しながら、そのような流れの中をさまざまに、自然、環境、時間を巡って心の旅をしているのであろう。

その1. 戊辰 (1988) ── 己卯 (1999) 断片1-53

1. 博物学の時代 (形の文化の到来) 1988.1.13

かつて、博物学では、形態すなわち外形が重要視された。その後、分析的手法を取り入れ近代科学が大きく成長し、そこでは、物質を元素と原子に分解し、それを成分とし、その和を物質そのものとしてきた。また、外界との関係も、部分あるいは要素を敷衍化し対応できるとしてきた。すなわち、景色を見るために、蛙となって古井戸に入り、その穴から狭い空を深く深く見入っていたのではないだろうか。しかし、時代は巡り、またしても形態、形を重要視する見方が今日増えてきた。物質を元素、原子以上に分解し、その要素が電子に至ると反転し、そこに電子で描いた墨絵のような姿が出現してくる。分子に対する生理活性、触媒作用がホスト・ゲストの関係で議論されるとき、そこには確かに電子が描く分子の形がある。

人についても外観より内在する心、精神を重要とした時代から、今日では外観を重視したフィーリング、たとえばブランド指向など、また、インプットから直ちにアウトプットされて途中がブラックボックスとなるパソコンなどを介した情報交換が行われるようになってきた。こう見ると、この時代は、内面より外形を重要視する新たな博物学の時代となりつつあるのかもしれない。

2. それなりの理由とは　1988.1.20

物質がそこにあることは、それなりの理由があってそこにあるのか、ただ偶然にそこにあるのかを考えてみる。それなりの理由とは、当然そこに物質があって何ら不思議ではないということだろう。たとえば、みかんを八百屋から買ってきて机の上に置くならば、私にとってみかんがそこにあることは何ら不思議ではない。しかし、元からみかんがそこにあったかと言えばそうではなく、みかんは八百屋の前は市場にあり、さらに遡ればみかんの木になっていたということになる。それ以上遡ると、みかんの実はなくなってしまう。みかんを収穫した木には、翌年も

きっと黄色いみかんがたわわに実るだろうが、決して赤い林檎は実らない。一方、赤い林檎を八百屋から買ってきて、先程の机の上に置くことはできる。すなわち、机の上はみかんの占有地ではないが、みかんの木はみかんの実の占有地である。それなりの理由を、選択の可能性ということを通じて考えてみたのである。

3．思考するときが来た　1988.2.12

　思考の流れに任せる。衣食住の現実はある。生きることの物質的、また生活するうえでの物質的最低必要要件である。その現実は思考の原点としていつでも立ち戻れる事項として次に進む。驚き、喜び、慕い、愛でる心の躍動がある。また、怖く、猜疑し、憎む心の葛藤がある。前者が生への心であるなら、後者は死への心に通ずるのだろうか。人は死を遠ざけ、生を強く求めてきた。しかし、現実が心の動きを押さえ込む。そのような心の行きつ戻りつが個人の一生でもあり、また人間の歴史でもあろう。恐怖、欲望、好奇心などの内からの叫びに駆りたてられて行動した結果得た進歩なるものが、あまりにも自然から乖離した状況をもたらしたので人は戸惑いを感じ始めた。進歩は新しい経済を生み、科学を生んできた。経済は時間、空間を否定し、科学は人間を否定した。方程式が、客観が全てであると錯覚し、自分を忘れてしまった。地球は砂漠化し、太陽の紫外線は強く降りそそぐようになり、また放射性物質で満たされ始めた。これまで通りに進歩を求めてよいのか、思考するときが来た。

4．地球の時間的理解について　1989.5.20

　地球にも時間は流れている。時間そのものは、現在に集約され、現在にのみ存在する。現在が推移し、後先となった現象（前後関係）がそこに残る。それが歴史であり、現在を通じてさらに未来に継がれていく。きっと個々のものがそれぞれに独自の今という時間をもつが、しかしまた今という時間がお互いを結びつけている。地球に残された後先の時間的関係を持つ現象間に、果たして必然という因果関係が認められるかど

うかは地球科学の取り組む大きな課題の一つである。地球上で時間進行に伴い演じられた物質の変異は進化と言われる。地球は自転しながら太陽の周りを規則正しく回る。全天に現れる星々から、太陽系、銀河系、アンドロメダ大星雲、そして宇宙の構造が推測され、その秩序性に美しさを見ることができる。この秩序立った宇宙は、果たしてそうなるべき因果関係を内在しているのだろうか。地球表面を見ると大地の上に幾本もの直線が通り、その両側には規則正しいガラス面を持った直方体の物体が整然と並んでいる。これはビル街のことだが、このような秩序を人間は好み、盛んに作る。宇宙といい人間といいこの秩序への回帰は時間に付随する必然だろうか。熱力学の第二法則に従えば、閉ざされた系におけるエネルギーの流れは、常に秩序ある状態から無秩序な状態へ向かうのであって、ここからは秩序性への必然は導けない。自然現象は実験でもって再現させるには困難を感じるが、それは自然現象の一回性を言いやすくし、そこに地球科学の科学性について考察を深める必然を孕ませる。

　地質現象の一回性という偶然性を、統計という操作を重ねて必然とし、科学することの意味はきつく意識する必要はある。敵がもし、地質学的時間での統計で初めて現れる敵であるのに、万里の長城を延々と構築するのであるならば、その是非は問われるであろう。しかし一方、偶然の本質は深くある。地球の時間的理解において、何時という時間の断面と、前後という事象の対は、最重要な視点となるであろう。時間の断面が主役となるのは偶然が強く働く事象であり、例えば隕石の地球への衝突などである。また、前後の事象が因果関係で結ばれるならば、その因果は輪廻へ向かう大きなうねりの一側面であるかもしれない。その法則を見出すように注視する行為は必要とされる。現在流行の個人史は個人的に生きてきた過去をその時代的社会背景にダブらせて考えてみることであると思うが、地球をその観点から考えると、地球史とは地球の過去を太陽系、銀河系更には大宇宙環境の中で捉えるような、地球とそれを取り巻く環境という二つの構造がそこにはある。ここでは地球そのものに視点の中心を置きその空間・物質に時間の経過を絡ませて考えてみ

る。地球が経過してきた時は、ある事象を境としてその前後という形で現在の地球の物質・空間の中に残してきたと考えられる。そのような事象は地球上での形態や物体のもつ質にある。形態としては地層の累重、断層や亀裂の生成、褶曲や侵食などが、物体の質としては熱水変質、風化変質、鉱物の相転移、また鉱物内での放射性元素の壊変などが考えられ、それらの事象はその時と経過を今日に伝えている。

5. 理性と直感　1989.9.2

　己が自他の対象に働きかける要素には感性と理性とがある。理性は体験に基づく学習から学び獲得した後天的なものであり、一方感性はそもそもの生に根づく原質であると同時に理性をも超える質を備えるものである。今日、物質界は科学的思考によって分析され探求され、生死の問題にまで技術と共に物質が深くかかわろうとしている。社会は、政治の無節操さが露となって、経済的富の偏在化が顕著になる中で、教育はただ制度のみが目立つようで倫理的な道の理を深めずにいる。すなわち、自分の有り様は身の安心を科学に委ね、社会とは不確かな倫理で接し、感性は直感に任せている。

　個人が他と関係なく自己の中に埋没したままでいたり、あるいはまたある組織が社会の中で孤立したままで生きられるのであれば、感性と理性が分化したままの意識でもすまされよう。しかし、現在の我々を取り巻く様々な環境は有限であってしかも有効な質的空間的領域が減少しているのであれば、選択の余地なく感性と理性が共生するように意識の重点をそこに移さなければならない。かかる制約下では、これまでの進歩発展なり多様性なりをそのままの形で構造化することは許されない。と言って、特に他との関係において、伸びやかに生きる自由を我々は奪われたくない。このまま強引に、理性のままに社会を非生的無機的に構造化するよう強要することは、その反動として自閉に向かい直感を装った虚無的廃頽化へと傾斜してしまうのではないかと危惧せざるをえない。ならば、自己と自他との交感の中で、そのような環境を抜け出るための理性と直感の新たな関係を模索することは緊急なそして重要な課題であ

ろう。そこでの望まれる知的環境は理性において科学的思考（物の理）と倫理的意向（道の理）が拮抗し、かつ直感による美的感覚と宗教的超越が共生することではなかろうか。理性と直感との共生とは一体何なのであろうか。我々の知的構造はゲシュタルト心理学が指摘した一元構造であるより、認知心理学によるとむしろ多元構造となっているようだ。そのような多元（多重）構造と外部知性の活用に基づく知的構造の再編が考えられる。外部知性とは今日の情報処理機能や将来の人工知能などが当たろう。ここで強調して指摘したいことは、知性を個人的な理性の中にのみ閉じ込めるのではなく、知性の多くを外在化させ、ちょうど人間が裸の猿となって以降外気に対し衣服をもって対処したように、知性のマントを用意することで人間の自由度を獲得するのである。知性を外在化することで、人間は知性から解放され、理性と直感の融合と共生にのみ心掛ければよくなる。万人が理性獲得の重圧から解放され、生きる本質を直感として直に感じきることが出来るようになろう。すなわち、個人に内在する無機的理性を基盤とする今日の物質文明は、肥大化した結果、硬直化し、化石化する恐れさえ生じてきたが、個人が内在する無機的理性を解き放ち、外在化し、多様な新たな理性のマントを直感に基づいて自由に着こなすことで、ファッショナブルな知性のマントに彩られた新たな知性文明が訪れることを期待したい。

6. 人間の存在　1989.9.11

　人間個人は物体であると同時に、ある作用を他に及ぼしたり、またある影響を他から受けたりする存在である。ある作用とか影響とは、例えば自己に対しては思考であったり、他に対しては言葉や動作であったりする。そして、その作用の結果がどのようであったかとか、その変化がどれほど大きかったかなどは、自他との相互作用として理解できる。この場合の自他とは物体である個人であったり、内面としての自己であったりする。また、ここで言う相互作用とは、物体間の作用として科学的作用だけにこだわらないものである。さて、かかる相互作用は、結果論として整理すれば、次の3つにまとめられよう。

1．相互作用によって生じた効果が、その後の作用を支配する力となる場合。(図内(1)、(2))
2．相互作用以前に存在していた関係が、そのまま支配力となる場合。(図内(3)、(4)、(5)、(6))
3．相互作用の効果が全く現れない場合。(図内(7)、(8))

　図にこれら相互作用の現れの概略図を示す（個人的相互作用の図参照）。実際の作用結果は、この相互作用の個人的時間の上に乗って現れ、その効果が強まったり、弱まったり、またしばらく変化なく持続したりするのである。個人的時間とは、他の個人的時間との関係において初めて存在できるという意味で、他の個人的な時間とは倫理的関係を保つが、科学的にはそれぞれに独立した時間として存在する。その現れは、乱流する河の面に発生する渦のごとくである。その発生が何時どのように発生するかは見越すことができない。常に結果としてその存在を知る。その渦は不安であったり、喜びであったりするし、不動や沈黙を伴う静であったり、暴虐や暴挙の動であったりもするが、決してその現れは予想することができない。その作用は、常に、個人に返ってくるものであり、その意味では、有限である。しかし、その作用を抜け出れば、無限も意識できよう。有限から無限への、作用の裏返りが生じる。と同時に、それは科学の世界への移行であり、そこでは万有引力が働き、無限、普遍、永遠が認識され、倫理が認識から消える。個人の作用に、表裏があることを常に意識しよう。

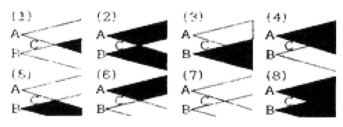

図　個人的相互作用

A：己個人、B：自他、C：相互作用

7. 今、はっきりと意識すること　1990.3.26

　ペレストロイカで大きく変わろうとするソ連は、今資本主義先進国との間の経済的格差の大きさという危機を迎えているようだ。ルーブルの値打ちは10分の1、官僚機構の硬直化、古い施設を使用していることによる非生産性、ハイテクを取り入れる人的・設備的基盤の弱さ、外国企業の投資リスクの大きいこと、など問題はかなり深刻のようだ。

　さて、日本ではよく老人問題が21世紀の問題として話題にされる。老人問題は制度にかかわる部分と個人レベルでの問題とがあろう。個人レベルの問題としては老人と若い社会との間に生ずる精神的ギャップの問題があるが、それはソ連と資本主義先進国との間にある経済的ギャップの問題に類似しているように思える。現在日本は資本主義社会として経済的に成功しているようであるが、同時にかなり歪みが内在化しているとも思えてならない。土地の高値、企業の系列化、富の格差、自然破壊への加担など気がかりなことが多い。ということは、日本が己の経済的繁栄を自覚し始めたのはつい昨日のようなものであり、富の蓄積はこれまでにたいして大きくはなく、凋落もあっというまに訪れることも充分考えられる。ソ連と日本を比較してどちらが本質的に成功しているかは分からない。切り取った現在という時間で、金に換算できる物質的側面を見るならば、確かに日本の方が成功しているようである。その成功の質を本質という内容にまで高めるにはどうしたら良いか。真剣に考える時が来ていると思う。変革期がもたらす精神的若者と老者の隔絶をどのように消化するかは、考える必要のある重要なテーマの一つであろう。科学において、絶対という言葉は証明不可能なことであり、形容詞的意味しか持ちえないし、究極という言葉も然りであろう。原子が、そして素粒子が物質世界を、また分子が、そして遺伝子が生物世界を語り尽くしてくれるかと期待したが、またその先にも世界は開いている。ちょうど我々が、悩みを晴らすような悟りが開け心に平静が訪れるかと思った途端にまた新しい悩みに惑わされる、といった果てしない心の葛藤は物質の世界でも展開している。時間の流れに乗ると後先が生じ、その両者の分離が生じる。その分割から離れるためには時間を超えるか止

まるかすることだ。前者は本質に近づくことであり後者は死に至ることであろう。本質に近づくことは変革がもたらした歪みを矯正する行為に通じる。そしてそれは、物質世界と精神世界とが分離される以前の両者に共通する生まれながらの根源に近づく行為でもあり、安らぎを覚える世界に立ち戻る道でもある。世の動きも現在と過去の関係にだけ目を据えれば、一つの選択から端を発する必然の世界と理解され科学の世界となる。しかし、それは現在と過去とを結ぶ一つの可能な経路を見つけたに過ぎない。立ち止まる選択の恣意性の中に本質が存在する。目を閉じ、目を開く。こころを静め、こころに問う。物質を離し、物質を取る。このような意識的行為を繰り返すうちに、物質と社会とこころが多面的世界として己のなかで恣意性を取り込んで実体化し一体化する。そして、未来は過去から解放され、将来が現在に限りなく接近する。

8. 人間が人間であるそのものは　1990.9.10

　イギリスにおける自然保護とは、何が大切であるか、それを保護するためにはどうしたらよいかを徹底的に分析し、その結果に基づいて自然を管理することのようだ。人間として望ましい姿とはいったいなんであるかがはっきりすればよい。それが分かれば、教育は各個人の中にそのような姿が醸し出せるよう元気づければよいはずだ。あるいはその姿を保つよう人間を管理するために教育はあるとも言える。だがしかし、そのような姿は現在はっきりと見取れるだろうか。環境問題などは地球規模の問題にまで拡大してきた。人間の姿を映し取る鏡自体が曇ってきてしまっているようだ。早く手立てをしなければ進むべき方向を見失う。完全な善き姿はこれだと提示する前にその姿を求める旅に出ることを共通認識にすることが教育にとっての急務と思う。すなわち、鏡に映った姿が良いか悪いかを問題とするのではなく、まず善く生きようとする自分をそこに見たいと意識することである。ことによると完全な姿はこれからも現れないかもしれないが、いや現れないからこそ旅をするのかもしれない。人としての善き在り方が組織と社会に浸透すれば、その関係は硬さから柔軟さに変じ、その構造の歪みは消え、もろさは救われよ

う。さまざまな関係と構造には物理的法則が付随する。その法則が適用され選択されることで関係と構造自体に変化がもたらされ、その新たな関係と構造はまたそれに見合った法則を生む。そのような動としての人間のかかわりは人間にとっては業でもあったが、結果としては抗争の歴史を残してきたのである。これからもまた多くの抗争はあろうが、個人の仕方で踏み出し、膠着した物理法則が支配する組織と社会から少しずつ離れ、未来に向けて善く生きる人間を思考する組織と社会への転出が強く望まれよう。それにはそのことの明示と探求し伝える行為が必要とされる。教養教育は、まさにそのことであったはずだ。さて、教育には二つの方法がある。一つは己を高め、己が輝くことである。他と隔絶し離れ高めることである。そして灯台のように輝き進むべき道を照らすことである。善き道が照らされれば自然にその道に従う人が多く出よう。二つめは共に学び求めることである。切磋琢磨し競うなかから道は開かれてこよう。いずれの方法によってでもよい、大切なことはそのような問題意識を深く持って当たることであり、またそのような場が確保されることである。人間の持つ諸要素を指摘することはかなり容易であり、その極めに向かって進む行程はかなり具体的であり、その成果は累積的であるようだ。しかしそのことが完全な人間を求めることとどのようにかかわってくるのであろうか。善き面を開拓しているのかあるいは悪しき面を露呈しているだけなのか、その判定は人間の完全像が明らかになって初めてはっきりするのだ。従って、完全な人間を求める立場からすると、人間の個別としての諸要素の上にたった深追いは危険である。諸要素の存在を知ったうえでの完全像の追求を心掛ける必要がある。しかも、その具体像に行き着くことは極めて難しいと知りながら追い求めなければならない。教養教育はこのような確認が絶えず求められよう。

9．絶学無憂　1991.3.7

　一つのテーマがここしばらく常に頭中にある。学を離れ、諸学に拘泥せず、諸学の根本に帰る。すると“諸学の基礎は哲学にあり”が生きてくる。根本から構築するのではなく、構造を解体するうちに根本を共有

する。そこに“絶学至学”の道が開ける。前者の学は諸学であり、後者の学は哲学である。私は絶つべき学を求め生きている。登山において、解放を得るために苦を求めるに通ず。

10. 独り言と途中下車　1991

　電車の中で隣の人が急に話をする。「そうだ、“あましょく”を買いにいこう！」独り言だなと判る。と同時に、“あましょく”という言葉に独特な甘さと歯にくっつくあのなつかしいお菓子が記憶の底からあざやかによみがえった。また、その初老の人の精神状況をも思った。きっと、幼な友達と会い、昔の話が弾んでの帰りなのだろう。

　最近よく独り言を聞く。その人の内面にまで思い及ぶことは稀だが、その人に親近感が湧く。

　実は私も口から言葉が漏れることがある。これを思考の漏れと勝手に言っている。いまのところ、そうだ、とか、よし、とか感動詞の場合が多いようだ。前を歩いていた美しい人が急に振り返り、よしと今言った言葉を聞かれたかと恥ずかしく思ったこともある。

　独り言は世の動きと自分の思考がずれたときにも出るようだ。自分の思考を世の動きに繋ごうともするし、自分の行動を世に合わせようともする。しかし、そのずれを思考の中だけでは消化できず、と言って行動をもって解消することもできない。そのようなとき独り言が漏れ易い。だから、気は弱いがしかし何か確信を得ようとしている人に、独り言は出やすいと思っている。注意して、耳を凝らすとやたらに独り言が聞こえてくるようだ。よし、移転。だめだ、移転。よし、自己評価。だめだ、自己評価。よし、PKO。だめだ、PKO。よし、経済成長。だめだ、経済成長。この世の動きをどうにかしたいと思う人はたくさんいるだろう。そして一方で人間は、行く末がわからないままに、この世をあまりにもせっかちに動かしている。私の独り言も進みそうだ。なぜなら、こういった世に生を受けた者の誰かが、宿命的に、この個人と社会の差をどうにかしようと、無駄に気をもむこととなっても一向に不思議ではないと思えるからである。ふと、カラオケを聞きながら感じたことがあ

る。カラオケは独り言を正当化できる救いの手の一つかなと。独り言は老化の始まりだとの暴きも聞こえてきた。だとすると、これから高齢化社会を迎える日本では、独り言が社会に充満する恐れがある。大学でのシンポジウムの一つに「独り言を鎮めるために大学は何をなすべきか」が掲げられる。電車は相変わらずひた走りに走っている。何故か急に途中下車したくなった。

11. 体を離れることで自由を得ると感じる　1991

　この顔、この体、この頭と、全てにもどかしさを感ずる。しかし、この組織、この地球と、自由に感応する。だが、責任はある。このもどかしい物質に宿った以上。

12. 異文化交流　1991

　異文化交流で思い出すことがある。ある懇親会の席で、近くに座を占めた人たちと国際化について話に花を咲かせたが、「国際化するには国際結婚することですよ」と隣の先生が自信をもって言ったことが今も忘れられない。その先生は砂漠の中をテントで一人旅したという強者だった。確かそのときの私の国際化論は抽象的なかつ気負いをもつのだった。自分達の文化の高まりがなければ国際化の意味がない。日本が国際化することは他文化の影響を大きく受けることであることも十分意識する必要がある、といったものであった。

　ある結婚式で挨拶を頼まれたとき、「結婚式は二つの文化の融合を祝う会でもあります」と述べた。人は本来ひとりぼっちである。だが、育った家庭そして社会の文化が染み着いている。また、男性、女性という二つの文化もある。そのような異文化をもつ新郎と新婦が結婚式という異文化交流の儀式を経て、一つの文化に融合する意味はとても大きい。またその文化を継承する次世代の誕生を早くに望みたい、といった内容を続けて言ったと記憶する。期せずして、懇談会でのある先生が「国際化は国際結婚です」と言ったことが、そこに生かされていたのである。

また、異文化交流で思い出すのは、イギリスのスノーが"二つの世界"として、文化系と理科系の学者は二つの別の世界に住んでおり、そのあいだを隔てる壁はとても厚いと著していることである。ある文化系の先生が、「工学部はそもそもが、土方の人たちです」とか「あの人達はまさに怪物です」と言っていることを聞いたことがある。また一方、「あんな"思い"だけを話されたら学生がかわいそうです」とか「具体論がないと授業は数分で終わってしまう」といった文化系の授業を批評していることを聞いたこともある。

　文系、理系の二つの文化の交流は今においても重要なテーマとなり得るだろう。

13. 現代から21世紀へ　1991

　分化されたそれぞれが、それぞれに影響させようと競う時代から、お互いから影響されようと協調する時代へと変わっていく。"する"から"される"と、能動から受動の時代への移行であり、男性思考（思い向き）から女性思考（思い向き）への変換である。分裂より求心による統合が克つ時代の訪れである。

14. 全体は部分の和以上であるということ　1991.9.21

「ゲシュタルト心理学は Wundt 流の要素主義、つまり心に起こる現象は、全てアトム的心的要素の連合によって説明可能であるという仮説に強く反発し、すべての心的事象について全体は部分の和以上のものであることを強調した。」（平田、1982）たとえば、自動車は部品から成るが、部品を単に集めただけでは乗り物にはならない。だが一旦自動車に組み立ててしまった部品は、部品のもつ機能は失せている。たとえば、パイプはパイプの穴から外を見ることができるが、自動車に組み込まれたパイプは、そのような性質を失っている。

15. 学問と教養　1992.1.13

　教養とは学問ではない。教養とは個人がその人生を充実させるに必要

となるもの・こととは一体何であるかを探求し、獲得し、そしてそれを
他に広める状態と行為であろう。その中には学問も含まれるがそれだけ
ではない。現状認識や実践行為そのものも含まれる。また充実した人生
とは生きることが肯定され前提となる。従ってそれは生活という物質的
側面もある。そのような教養認識が現在見失われているように思えてな
らない。私自身そのことで悩む日を持つ。人生自体にまたそのような教
養認識の喪失について。では学問とは何であろうか。学問とは知識と関
係しその知識がある体系にまとめられているものであろう。その体系が
因果関係をもつ合理関係を含むものは科学と特にいわれ、その存在は
我々の生死を超えて客観的事実としてあると捉えられている。私もその
ような科学に当たる知識についての論文をいくつかは書いた。大学は学
問と教育の府だとはよく言われる。確かに専門紙への大学関係者の投稿
は多い。また、大学の時間割表を見るかぎりでは多くの授業が週日開か
れている。従って大学で学問と教育が行われていることは間違いない。
では大学自体は豊かな社会を成しているのであろうか。豊かな社会が常
識的な意味での充実感があり喜びが存在する社会という意味でならはな
はだ疑問であると言わざるを得ない。誹謗、中傷、否定に当たる内容を
盛った怪文書が行き来する社会は果たして喜びのある社会なのであろう
か。そして無関心、逃避、非協力が主流をなす社会が充実感を生むであ
ろうか。私は大学人として大いに反省するところである。かつて学問は
社会の規範であって、社会秩序の頂点に据えられていた。ところが現代
はそのような規範に則っていると社会が無機化しその存在基盤が分解し
かねない兆候が明らかになり、そこから抜け出たい、学問・科学を超え
たいとのエネルギーが出口を求めて高まりつつある。

16. 私達にとっての科学と技術　1993.1.15

◇科学とは

　科学とは、さまざまな事象と存在について説明をしたり、理解をする
ための論理や法則から成り立つ、思考体系あるいはその断片である。な
お、ここでの事象と存在は知的未分化の、もちろん私達と一体となって

いる事象と存在をいっている。科学によっては、それら事象や存在は常に再現できるように矛盾なく写し取られなければならない。しかし、科学は事象や存在そのものではない。科学は事象や存在を説明、理解しながら事象や存在を再現させる。そのために、事象や存在はある断面にて切り取られる。すなわち、科学が扱う事象と存在はいわゆる客観的、実証的などといった視点をもったものである。従って、事象や存在そのものは科学の対象とはなりえない。その点、芸術や直感は事象や存在そのものに対峙し限りなく肉薄する。芸術や直感は対象に対し説明を求めず、理解を必要としない。対象をそのまま受け入れるか拒否するのである。また、科学は事象や存在から離れることはできない。対象がなければ説明も理解もできないし、再現の意味もなくなる。事象や存在からそのままに、限りなく離れる空、無そして超越、それは宗教の領域である。さらにまた、さまざまな事象と存在は限りなく現在においてある。それ故に、科学は現在に焦点が合う。科学が過去と未来を見るには、過去や未来の事象や存在を対象としなければならない。現在から離れれば離れるほど、その事象・存在は私達から離れる。そのような事象・存在を実像として結像するには、定義・限定・仮定などのレンズを要しよう。科学が扱う歴史や未来予測は、あくまでも現在という時間からの単なる直線的延長という枠から抜け出せない。そして、科学は善・悪などの価値観とは接点を持たない思考体系である。社会という存在、文化という事象は科学が扱うに不得意とする領域であろう。以上科学が扱う領域を見て来たが、もちろんその領域をはっきりと限定はできない。しかし、科学の領域であまりにも明瞭に物質世界が再現できたために、他の領域の在処がぼけてしまった。もう一度事象と存在そのものを見る必要があろう。

◇技術とは
　技術は、科学によって写し取れる事象や存在を再現させる際に、効率的に、経済的に行うための工夫でありその成果である。

17. 環境の多重構造からみた河川と河川水　1993

　増減しない心真如、体と再現できる科学的理があまねく我々を満たす。個々人は相としてまた統計的要素として個別的に存在する。

　河川はそれぞれがそれぞれの個性を持つが、また個々の河川は其の流れの個々の場所にてそれぞれ個別な化学組成を相として示す。それは河川の重構造として理解できよう。さて、河川がもつ特殊性、すなわち上流から下流に河川水が流れる、時間経過に伴う一方向への物質移動は、河川に歴史性を意識させる。だが其の上流から下流への物質移動も、河中に目を転ずれば、魚が上流に向かって泳ずる様子が見え、そう単純ではない。土砂崩れで堰き止められた河川では下流から上流に魚が遡れなくなろう。さらに、微の世界を思ってみれば、水中分子の拡散が河川の流れを越える場合も考えられよう。

　史的社会認識は現時性と連動し万華鏡のように変わる。しかし、心真如と理はそれを包んである。

◇河川の環境構造から見た化学組成

　地球環境の中にある河川は、さまざまな環境要素たとえば、気象であり、季節であり、その他もろもろの要素とかかわりを持って存在している。それは河川のみのことではなく、他の存在、たとえば山であり、生き物であり、空気であっても同様にそれらは環境から隔絶された存在ではありえない。ここでは、そのような多数の環境要素からなる多重構造として環境を捉え、その構造とのかかわりのなかで河川の化学組成を認識したい。

18. 知的環境　1993

　日本における学術団体は日本学術会議によってまとめられている。その学術会議は第１部から第７部までに大別されている。第１部は文学、教育学、心理学、社会学、史学関係であり、第２部は法律学、政治学、第３部は経済学、商学、経営学、第４部は理学、第５部は工学、第６部は農学、そして第７部が医学、歯学、薬学となっている。学術会議がま

とめたところによれば平成２年度に開かれた学術研究集会数は各部門別で１部602、２部98、３部249、４部422、５部656、６部367、７部655であり、都合3049回の研究集会が開かれている。1993年の３月から12月初めまでの９カ月の間にわが国で開催が予定されている自然科学関係の学会・協会などの年会は約350大会となっていた（『科学新聞』平成４年２月21日）。ほぼ毎日１回、もう少し詳しく言うと３日に４回の割合で科学関係の大会が日本のどこかで開催されている。各大会の開催期間がおおよそ３日とすると毎日４つの大会が開かれる勘定になる。ちなみに４月１日についてみると、その日から開催される大会は触媒学会（参加予定人数400）、日本地理学会（800）、日本解剖学会（1100）、日本鉄鋼協会、日本育種学会、日本数学会（2000）、日本生態学会、日本獣医学会となっている。日本産業衛生学会、日本魚類学会、日本細菌学会、日本農芸化学会の大会は３月末に始まり４月１日にも開かれているのでそれを加えると、４月１日には12学会が大会を開くことになる。４月１日は平日の４倍の大会密度となり学会にとって特別日に当たるようである。４月１日がエイプリル・フールなので学術大会が多く開かれるという解釈はもちろん成り立たないだろうが。

　学会を会員数で見れば数万人から数十人までいろいろあるが、それぞれに会則を持ち、それぞれの存在趣旨と活動領域がある。つまりそれぞれがそれぞれの独自の世界を持っていて、一人の個人がその全領域を詳細に体験的に知ることは物理的にも不可能であることが分かる。

　多くの大会は大学内で開かれるが、ホテルで開く場合もある。医学関係の大会はそのようである。会場費を考えると医学関係の学会はお金持ちであることが分かる。

　学会の名称からその扱う知的領域を類推することはかなり容易であるが、その分野で現在話題となっている具体的な内容となるとその学会に加入しなければ分からない。知がどんどん細分化する現代ではそこにて発表される研究は個人が扱える領域をはるかに超えた内容そして量となっている。そしてその成果が整理されないまま情報となって世に出回る。その結果、個人が扱える知と社会を成り立たせている知と、すなわ

ち社会に出回っている知の量との間に大きな差が生じ始めている。知はそもそも不安な道を照らして安心をもたらす働きがあるとされ、これまで明るさを増す程に安心が増すものと信じ、知を増加させるよう努力がなされてきた。しかし現代人はその明るさの下をひたすら進むがために、ほの暗さに隠された美を見過ごすことも、道を先に進み過ぎてかえって危険な場所に深入りすることもあろう。また我々の知が全てを明かす資質を持っているという保証はない。ただ明るさが増すことをもって良しとするのは危険である。そろそろ知の炎の力にかげりが見え始めているかも知れぬ。知を唯一の安心を得る頼りとするのは、"過ぎたるは及ばざるが如し"という事態を招きかねないだろうか。"学を断って憂い無し"と先人が言ったが、その本質を直感的に感じとる新たな知の登場が待たれる。

　現在自分が抱えている未解決事項を思うと、つくづくと己の愚かさを知る。また同時に人の愚かさをも思い浮かべざるをえない。歴史はある意味では人間の愚かさの記録であるとさえ言えるようだ。こう考えると人間には本質的に愚かさが備わっているかのようだ。その人間にある本質的な愚かさを意識することで、不安定なこころの状態は落ちつきを取り戻し安心へと導かれるようで、別な次元での重要な知性を獲得したのかも知れぬ。

　この知性は愚かな知性となって、いわゆる知性との対をなす。人間はこの両知性が働くことで、意識が透明となりより深いより静かな内面へと降下し、こころに安心が訪れる。陽と陰の和合が人間に原質を喚起するだろう。自然、物質への安心は細分化する知の方向だけでは得られず、そのために失ったこころへの回帰を必要としていよう。

19. 環境科学コースの基本的な考え方について　1994

　このコースの設定には設定理念の確認が必要と思われます。環境科学が環境問題を含むならば、単に資格等の取得コース的性格ではなく、大学としての設営理念がコンセプトとしてあり、それが学生に伝わるようなコースであってもらいたい。したがって、環境科学の認識について、

問題意識のある人々が議論し話し合い、履修の組み立てなどを話し合う必要があると思います。

　このことに関する私の個人的考えはおおよそ次のようになります。環境科学は自然と人間とのかかわりについて現在に焦点を当てて把握しようとする学問であり、かつ未来の人間のあり方を模索する学問でもあると思われます。したがって過去の歴史を振り返ることはあっても、基本的には歴史を現在・未来に向けて考察することが重要となりましょう。

　自然とは、生物界としての自然（……植生・生態・人間の生活）、物質界としての自然（……物質循環と物質変化……地球環境の化学）、また自然の資質（……地質、地形）などなどとして要素的には理解されますが、自然とはそのような見方なり、要素なりが内在するすべてでしょう。未来を選択するとは自然の中での人間の位置・立場なり価値観の選択などについて吟味することが特に重要となりましょう（……哲学・倫理）。人間の活動と自然との関係（……個人、産業、そして社会……文化、経営、経済）だけでなく、人間活動を規制する社会的ルール（……法律）も重要となります。人間からの働き、自然からの作用（……実学としての位置づけ……ボランティア）さらに環境問題は科学が救えるか？　といったことも常に意識する必要があります。

20. 速いと遅い、大きいと小さいについて　1995.3.2

　美しい花、水仙は残雪の微かに残っている黒や茶色の大地に清らかなそして新鮮な色づけをしています。この美しいという言葉には、その対象物に接すると望ましいこころの状態にいたるでしょうという予感がすでに込められており、そのことばの内に価値が含まれている形容詞と言えましょう。

　同じようなことが、速いと遅い、大きいと小さいという形容詞の対にはあって、それぞれの前者が後者よりこころに満足を与える意味合いが多く、価値があると私達は了解していませんでしょうか。新幹線が高速で走り、ハイウェーなる高速道が出来るのも、またサンシャイン60などのような高層の大きなビルが増え、都市がどんどん大きく広がってい

くのも、人々がそのような速くなり、大きくなる現象を是認し、かつ望んでいる結果ではないでしょうか。そのことは今に始まったことではありません。「亀と兎の駆け比べ」と「舌切り雀」のようなお話があることは、速い方がすてきで、大きい方がうれしいという価値観が如何に強く私たちのこころにあるかを物語っていると思います。

　さて、速いとか遅いとかは、物体の速度という測定できる物理量によって比較特定できます。その形容詞は物理学の世界でも使えます。「ある物質が毎秒10mで動く速度と、他の物質が毎分10mで動く速度を比べれば、前者の方が速い動きで、後者の方が遅い動きとなる」という表現は、物理の教科書にあっても否定は出来ません。ではその速い方の速さの記述はどの程度まで許されるのでしょうか。物理の先生はきっと、「光速までです。光速に近づくとそのものの質量が大きくなってゆき、ついには速度を増せなくなってしまいます。その速度の限界が光速です」と言います。数学の応用計算問題では光速を超える速度があってもいいのでしょうか。私はあっても良いと思いますがいかがでしょうか。

　私達は多くのことを学校教育によって学びます。字が黒板に書かれ、ノートや紙に写し取られながら字を習います。紙の上に定規で直線が書かれ、線の長さが測られます。さらに紙の上に正方形が描かれ、面積が計算されます。いずれも平らな面の上です。ですから、紙さえ大きければどこまでも文字が書け、どこまでも線が引け、どこまでも大きな絵が描かれると思われます。このような面は平面でありますが、改めて教わらないと、面とはどこまでも広がる平面と同義語のように感じます。時間についても同じです。時計が刻むその時間の進行は永遠にあると感じます。

　しかし、実際の土地の面積は木立や、木や石を立てて、それらが囲む広さを地所としていたし、今もそうします。私達は球形の地球の上に住んでおりますので、模型的に捉えるなら大地の成す面は平面より球面と考えた方がより現実に即しています。では、そのような球面の上に字をどんどん書き、線を長く引き、絵を大きく描いていったらどうなるの

しょうか。描かれた字や線や絵の上に、重ねて描かねばなりません。球面の面の広さは球の大きさ、すなわち球の直径によって定まっていますから。

　先の言葉、速いと遅いについて、このこととの絡みで見てみましょう。平面の上で、すなわちどこまでも広がりをもつ面の上では、ものは限りなく速い速度で動けると思います。しかし物理の法則はその場合にも限界があり、どんなに速く走っても、光の速さ以上には走れないと教えてくれます。球面の場合はどうでしょう。また、物理の教えでは、この場合は、光速をまたずに、ある程度速く走ると球面から離陸してしまいます。地球から宇宙へとロケットが飛び出すのに、ある最低限の速度が必要です。そのことと関係しますが、その最低限の速度より遅く走らないと、その物質は球面に留まれません。

　大きいことと小さいことについて考えてみますと、無限に広がる平面では大きな図形をたくさん書けます。しかし、地球のような球の上では大きな図形を重ならないようにたくさん書くには苦労します。ですが、小さい図形ならたくさん書けます。球面では大きいことは少ないという小ささにつながり、小さいことはたくさんという大につながっています。

　このことから次のようなことは言えないでしょうか。球状の地球の上で暮らす限りは、決して速いことはよいとは言えないようです。速く動けば、それだけ遅く動くことの大切さが分かります。その理解があれば地球から離れずに暮らしてゆけます。大きいと小さいについても同じようなことが言えます。大きいことは重なるという窮屈さを感じます。この意味は深いと思います。教育が示す平面的な整理された世界は、私達の価値観に支えられ、実質空間を改造してきています。今日なかなか抜け道の見出せない、環境問題、エネルギー問題は、私達の生活している空間が地球の極薄い球面世界であるにもかかわらず、果てしなく広がる平面的な世界観をもって生活し続けた結果であるとも言えましょう。

　そうであれば、遅いことと速いことそして小さいことと大きいことの価値観を逆転する教育を思考しなければなりません。その世界像は収束

し停滞する世界です。空間的収束と空間的停滞からこころの広がり、こころの活動へと転化します。生命が物質空間の局在化、組織化、凝縮化から生まれたとすると、危うくなるわれわれの生命は、この価値観の転換によって再び生き返ることが期待できましょう。

○自然はトータル的な存在としてある。現在は部分的存在がクローズアップされている。トータル的存在は静を求める。部分は絶えず部分であることの主張をしなければならず、したがって動である。

21. 腹立たしい日　1995.3.10

「長い話は、忙しいから、手短に！」と言われ、急にムラムラッと腹が立った。忙しい？　同じ意味ではこちらも忙しいのだ。長い話？　分かっている話が何でおもしろいのだ。腹が立った。むしょうに。多くの人がやたらに忙しくしている。忙しくしてつくられる物が、どれだけの意味があるのか。

22. 色と光　1995.3.10

「透明かな、無色かな、いや無、あるいは虚空に至るのかな」と複数の本の目次だけに目を通したままに大学を出、今歩きだし、開けた橋にさしかかり、つぶやいた。さまざまな本には著者の言いたい内容がさまざま盛られている。そして、目次にそのエキスが表出されていよう。多くの本の目次から、本のエキスが運ばれ、スープとして私の意識によって味わわれた。そのスープの味わいが独り言として先のようにつぶやかれたのである。

　多くの知識は無に至るとの予感が芽生える。と同時に、一は二を生じ、二は三を生じるという、知が成長する様も意識できた。知識が生まれ、成長し、磨かれ、そして肥える。やがて知識は満ち、知を意識しない無の状態に至るのではないか。あるいはそこから再び、新たな知の誕生もあるのだろう。社会の歴史においても、人の人生においても、このような知の変遷があるのではとまでも思ってしまった。

　橋の上から見る景色は光が満ち、そして色豊かであった。なぜかその

とき光と色の関係に思いが走った。色から光が運ばれ、光は合わさり、無あるいは空・虚へとすすむ。光を失せた色は、混ざり、ますます有としての黒き存在あるいはまた白き存在へと固定される。その色と光の別れが、また予感された。この風景を起点とすれば、自然環境のあり方が、地球という水惑星の行き先が思われ、はたまた個人としては精神と肉体、そして生と死が意識できた。

23. 球面における発展　1995.3.14

　進歩、発展という言葉は、善悪という価値判断において、自ずから善に分類されると思われていまいか。最近、私はそのことについて確信がもてなくなっている。進歩、発展という言葉は文字通りに読みとれば、先に歩き進むことであり、広げはじめることであって、そこに未来にて新たに開ける広がりを感じる。荒野に鍬が入り新しい田畑が開ける様、夜の暗がりがろうそくから電灯に、そして蛍光灯へと明るく照らされてゆく様、算盤から電卓、計算機へと計算する機能が増加する様など多くの事象を挙げ示すことができる。このような事象において、進歩発展がさらに続いて生じるためには、鍬が入る荒野が存在し続ける必要があり、深い暗い闇の世界が生き続けなければならない。また、計算する数字の材料が成長する必要がある。はたして、そのような荒野はこれからも私たちの前に広がっていようか。人の手が加わっていない自然は残り少なくなっている。地球は丸く地表の広さは有限である。しかし人口は増え続けるし、さらにその活動を広げようとしている。球の表面積を広げるためには、球を膨らませなければならない。球を膨らませれば、やがて球はパンクしてしまう。心配である。パンクする前に、表面積を増やそうとはしないことである。だが、球が萎んでは困るのだが。

24. 人生とは　1995.5.12

　このごろ私は次のように思うことがしばしばです。それは、人が生を受け誕生し、体験、学習して一人前になり、迷いながらも前進を心がけ、気づいてみると時が単調に流れており、さてこれからどのように思

い暮らそうかと戸惑いを感じながら死を迎えるのだろうということです。

　人生を紙の上に書きますと台形として描かれます。鉛筆の紙の上での下から上への動きは行動的な活力を現し、上から下へは鎮静していく様子を示します。また左から右への横の動きは年齢経過を示します。すなわち生まれたときは台形の左裾野にいるわけです。そして台形の裾野を登って行きます。それが「体験・学習して一人前になり」始める時期です。いつしか迷いながらも前進を心がけているうち、自分の生命力の絶頂期を迎えています。それは台形の台の上を歩いていることに当たります。その状態では時間経過をあまり意識いたしません。今日が終われば明日が独りでについてきます。現実が強く意識され、今日と明日は一体となっています。「気づいてみると時が単調に流れ始めており」とはその台形を下り始めているのです。そして下っていることを明瞭に感じますと「さてこれからどのように思い暮らそうかと戸惑いを感じる」わけです。台形の右斜面を下りきったところが人の死に当たります。しかし、これは紙の上の話です。紙の上に鉛筆で台形を書いた場合です。紙の上の台形が影絵であったらどうでしょうか。この場合は、台形の影をつくったものが光源と紙の間にあるのです。そのものの形はさまざまとなりましょうし、光源の位置によっても影をつくるものの形は変わります。すなわち、私がしばしば感じるとした人生は、ものの見方を変えれば、その人生にさまざまな変化を呼び起こすことができるということになります。この場合の条件は二つです。一つは台形の起点は一つであり紙の上に確かにあること。二つ目は台形の終わりについてです。紙の上で終点は、人生の時間経過での絶対的な終点を意味し、その先は、はっきりと失せていて、無に消えていて、有として残ってはいけないということです。

25. 物質と精神　1995.8.30

　最近マインドコントロールという言葉がよく登場する。強制的に、ある精神環境に置くことで、その精神状態から抜け出にくくなることを言

うのであろう。オウム真理教の行為が契機となってよく聞かれるのだが、旧ソ連での思想教育がそれであり、日本における戦時期の国民への軍国主義の徹底も、また近年過熱の受験教育、偏差値教育もその範疇であるともよく聞く。かつて言われた、科学至上主義、物理至上主義などもその気があろう。そこまで言ってしまうと、ある意味では、個人なり組織がある行動に駆り立てられるような動機すべてが、外からの働きによるか自ずから進んでであるかの差異はあるが、広い意味のマインドコントロールによると言えなくもない。現在、価値観の多様性、生き方の多様性などという表現もよく聞く。多様性という言葉も現代のキーワードの一つであろう。ある現象に対し様々な見方が可能であろうし、ある素材から様々な作品が生まれよう。見方なり、創造なりの規範は一つとは限らない、むしろ複数であるということであろう。見方なり、創造なりの原点が仮にあり、その原点より実際の行為が行われたとしよう。その原点の存在について、"仮に"という前提は本質的なものか、それともその"仮に"を取ることができるのであろうか。"仮に"が本質的であるとすると、そのことを共通認識することにより、マインドコントロールなるものへの恐怖心は和らぐ。個人なり組織なりが行動をする場合、その前提がどのようなものなのかが分かり、その選択ができ、かつ結果は前提による限界をもつからである。では、この"仮に"を取るとどうなるかというと、結果的には次のようになるのかもしれない。人類が自然より生まれたとすると、仮定を取るとは自然に帰ることかもしれぬ。では自然はどこから生まれたかとなると、無機の世界からとなる。では仮定を取ると、自然を超え、そのさらなる還元的世界である無機世界に引き込まれていくのであろうか。物質には質量がある。質量は質点に重さを付与したものの総体であり、その重さが付与された質点の数、たとえば原子の数、によって物質の質量は決まる。精神は質量をもたない、そしてその働き、広がりは総体としての縛りがない。物質と精神は質点が接点となり、片や時間を引きずる質量と空の総体への思考が現実物質に現れ、片やそのような思考から解放され無へと開かれる。

26. 自然誌詩　1995.6.13、1997.3.3

　自然に豊かさを見るときもあり、また自然に恐ろしさを覚えるときもある。

　すがすがしい空気が満ち、清らかな流れがあり、生き物が大地に賑わっている、そのような自然に接すると、その豊かさを失わせないように、私たちは、自然と隔離した生活空間を設け、かつその空間を固定し、極力自然への影響が拡散しないように、科学によりさらに強固にその壁を補強する必要があると思ったりする。

　歴史から学ぶと、そろそろ私たちは新たな道に逸れ入りつつあるようだ。その道を、しばらく私達は否応無く進むだろう。子孫に残す物語を用意しよう。一人になっても生きる勇気を持っていたし、石を持ち上げる力もあった。そしてものを変える知識と技術が高まったことも、そして残念ながら、その結果が大地を覆ってしまったことを、そしていま風化を待望していることを子孫に伝えよう。

　自然があることを無視し、仲間の了解無しに、またどのように何処までを人間の縄張りとしようとの目安もなく、この領域を独占する欲望に駆られ、生命体である自然に気づかない文化が蔓延してしまった今。

27. 無から有へ　1996.3.6

　誕生の瞬間に、明るさに接して以降、温寒、音声、形状と運動、色彩などに五感は働き、学習し、知的活動へとつながり、さらに脳は外界の内在化、そして内的活動の外在化を強力に押し進めようとした。すでに外在している自然は、内的活動の外在化によって、強力に押しやられ、自然自体が見え難くなった。人間が内的存在を外在化としているに過ぎないことに目覚めると、本来の自然がまばゆく輝いていることを知る。かつては、生と死が隣り合わせにあり、その隙間のみが実存在であったが現在、その間隔はだいぶ拡大された。知を瞬間へと凝集することが、生から死への移行であるならば、そこにて初めて本来の外在としてあった自然を知るのだろう。

28. これからの価値基準について ── 方丈の空間　1996.6.27

　地球という有限の時空に生を受けたものとして、次の事項を基本的な価値基準として共有することを提案したい。

1. 太陽と水と空気、そして大地をすべての生き物との共有の財産とする。
2. 人間一人の大地借用空間は方丈（10 m²）とする。
3. 太陽のエネルギーが方丈の空間から生産できる淡水は40ℓ／日である。
4. 人間が利用できる太陽エネルギーはその半分を上限とする。
5. 人間の個人の権限は人間社会と半々とする。
6. したがって、一人の人間が自由にできる水は一日10ℓである。
7. 一人の人間が生きるためには一日2ℓの飲料水を必要とする。したがって残り8ℓが個人裁量可能な一日あたりの水となる。
8. 一つの参考モデルは、2ℓを身の回りの清潔のために、2ℓは体を清めるために、2ℓを遊びのために、そして残りの2ℓはその他に備えての水とする。
9. 大地の方丈に庵を編んで、その真ん中に座し、三回静かに息を整え、人間の来し方、現在、そしてこれからを、一度はゆっくり考えてみたい。上記基準についても。
10. 今の人間はあまりにも地球の時空から離れすぎ、自然から浮き上がっている。生きている喜びは少なくともエネルギーの大量消費ではない。

29. 矛盾の構造　1996.12.17

　矛盾とは盾と矛との逸話に由来する。どんな矛によっても破られない世界一強い盾に対して、どんな盾をも突き破れる世界一の矛が同時にあることはおかしく、成り立たない。両者はどのような関係にあるのだろうか。

　まず片方だけに注目するならば、何れの話も成り立ち得る。しかし両

者の合体は成り立たない。その機能を停止する。光通信用ガラスでは光の吸収を減じ、１km先に96％の光を透過するように、SiO₂ガラスは鉄成分など除去され、特にOH基は10億分の１以下までに除かれる。一方、太陽光が入るガラスの部屋は夏に熱くなり過ぎる。そこで可視光線は通すが赤外線を通さないガラスが要求される。この場合は光通信とは逆に光を吸収するガラス、たとえば鉄成分が入ったようなガラスが望まれる。実際に熱線吸収ガラス、熱線反射ガラス、更には可変透過率ガラスなどの熱や光に対し工夫されたガラスがある。原子力発電は、原子炉の中でウラン235の核分裂連鎖反応が制御不能になる危険性、核分裂後の放射性物質が外部に漏れ出す危険性など常に内在している。原子力はウラン鉱石からウランを取り出し、ウラン中に0.7％あるウラン235を３％に濃縮し、原子炉内で発電する。そして使用後核燃料の再利用と廃棄物の処理と保管がある。その全過程で、原子炉内と同様、大きな危険性を常にはらんでいることを片時も忘れてはならない、緊張を要するエネルギーである。

　このように、私たちの求めるものは多様であるが、その全ての要求を満たす物質はない。ある利用目的には理想的なものはあっても、他方からみればそれは最も好ましくない場合もある。そのような場合にどう整理したらよいのだろうか。物質利用に限らず矛盾の克服、それはこれからの社会が常に意識しなければならない根本的な問題の一つであろう。

◇有と無

　無が有である場合。茶碗の本質は茶を入れることである。お茶は茶碗の凹みの部分に入る。茶が入る凹みの空間は茶碗をつくっている陶磁器の物体がない部分であって、陶磁器自体にお茶を入れる機能はない。すなわち、（凹みという）ない（部分）が（お茶を入れることのできる）本質であり、（凹みというない部分がお茶を入れる機能を）有（すること）となる。しかし、その凹みは陶磁器自体が支えている。ない部分とある部分は隣り合わせの関係にある。すなわち、ないという機能はあるという存在に支えられている。無は有により支えられ、有は無により機

能する、とまとめられよう。

◇生と死

　有機体に無機体が接し、有機体を無機体は流れる。やがて無機体は流れを止め、有機体は無機体に流れ込む。そして無機体は有機体と出会う。生き物は必要なものに接し、それを取り入れ、成長する。やがて、その必要が、不必要に転化し、生き物はものを離す。そしてやがて物が生と出会うのであろう。

30. 人間と科学、そして自然　1997.3.2、1998.1.15

　科学の見る世界は仮想の世界であり、架空の構造をはらんでいる。なぜなら科学が見る世界は定義をもって写し取る世界であるから。一方文芸が見る世界は、人のかかわる現実の世界である。なぜなら個人がそこにあり、人の恋と生き死には定義を超えているから。では科学が読みとる仮想、架空の世界に、人間は住み込むことが出来ようか。もしその世界が現実の世界に変転したなら、科学の実世界は人間の実社会と抗争して、人間は科学の世界からはじき出されるだろう。なぜなら科学の世界が完成した暁には、そこには人間の存在などその定義の中にないからである。人間は誤りも多いし、精緻さにも欠ける。科学の世界を仮想、架空の世界と捉えているかぎり、次元の異なる二つの世界として、人間との関係は保たれると思われる。人のいる社会には必然的に文芸がある。その文芸が自然にまでも延びると、人から広がる世界となり、その地平は科学の世界と接すると予感される。なぜならいずれも人間が意識できたわけだから。すなわち人と科学は同じ次元にないが、自然を共通の仲立ちにすれば、一つの世界の住民として両者を再興できる可能性がある。そこで、文芸の自然への広がりをこころがけ、科学と接合するよう模索する試みが急がれる。

31. 意味の誕生　1997.3.2

　読書をしていると、とても感動したり、興味を惹かれたり、深く理解

したと思うときがある。そのような時、その部分にマークを付ける場合がある。それから時が経って、同じ本を再読して、あるいはページをパラパラとめくっていて、そのようなマークに再会するときがある。しかしその時、どうしてこの箇所にマークを付けたかのか分からないときも、マークを付けたわりにはその文章に特に興味が湧かない場合もある。

　少なくとも前回読んだ箇所も、そして今読んでいる箇所も、全く同じ文字群からなっているはずである。同じ文字という記号に託された情報がそこにはあったはずだ。だが、前回それから受けた感動は、今回は引き出されてこないのである。

　他の人が読んだのならいざ知らず、自分自身が再読しているのである。このように私たちは同じ文章に接しても、必ずしも、いやむしろ決して全く同じ意味をそこから読みとるわけではないようだ。視覚が捉えた網膜上のある情報は脳にて意味となるが、そのとき、その情報が即意味へと単純に変換されるのではなく、網膜から入った情報が脳においてある複雑な処理を受け意味が生み出されるのだろう。

　ある情報の入力は出力として必ずしも一義的な結果を生み出さないのである。そのような脳の情報から意味を生み出す仕組みと実際について、たいへん興味を覚える。

　なお詳しくいえば、そのある情報自体が、時間経過とともに変質している場合もある。典型的な例として、二葉亭四迷の『浮雲』（1887）の登場前後では、文章表現としての文体自体が大きく違い出したことが挙げられよう。この時期から描かれる文章は言文一致へと大きく変わったと言え、それであるからそれより過去の文章は時間経過とともに大きく変質したといえよう。

　文字のもつ情報自体が変わることもある。たとえば、風呂である。現在風呂と描けば風呂桶、あるいは湯船に湯を入れその中につかることを連想するが、かつては蒸気にて蒸す、現在の蒸し風呂を意味したという。さらには使われなくなる言葉もあり、その意味も不明となる場合さえもある。方言などを書きとったものでは、そのような場合が多いと思

われる。

　それよりも網膜に映った文字が等質的に脳に情報として至るのではない。たとえば、「風呂」と「温泉」という二つの熟語があり、網膜に両者とも映っていたとしても、たとえば温泉に興味がある状態では「温泉」が脳で識別され判断されよう。そもそも、文字を見るという意識がなければ、網膜に両者があっても、「風呂」とも「温泉」とも脳には反映しないだろう。

　視障害で、生まれてから外界を見たことのない人が、成人になって開眼手術によって初めて外界を見ると、ただ眩しくて、何も見えないという。何をどう区別できるのかが分からないという。物体からの光が眼球に入って網膜に像が映る、そのことが即脳においてその物体の形を認識できるということではないようだ。

32. 言語と文化　1997.3.12

　脳の連合野は霊長類で発達していて、特に"サルらしいサル"である真猿類でよく発達しており、その中でもヒトにおいて爆発的に連合野（なかでも前頭連合野）が発達している。チンパンジーとヒトの非連合野（運動野や第一次感覚野）はほとんど同じ大きさであるが、連合野はヒトで大きく、特に前頭連合野はチンパンジーの3倍である。ヒトとチンパンジーの生態・社会を比較すると、ヒトはより複雑な社会関係があり、特に音声言語をもってそれをより緊密かつ複雑にしている。したがって、ヒト進化でも社会関係や食性が前頭連合野を含めた連合野の発達要因となり、特に音声言語の獲得が鍵であり、この獲得がヒトの大脳新皮質を爆発的に拡大したと澤口俊之（1994）は考えている。

　言語は諸感覚と連動しており、それらの表現形式の一つといえよう。視覚により得た刺激、聴覚で得た驚きなど、いわゆる五感がさらにその下支えをしている。また言語がその五感の働きを高めるよう各器官の意味を明示化した。たとえば視野に見える動物の種類、川の特徴、山や樹の存在など言語によって示されるとき、視覚はその機能を高めていったであろう。何を感じ、何を語るか、そこに固有の文化が生まれる。海の

近くでは海について、山においては山の話が、そして農耕地帯、交易地域では、それぞれがそれぞれの文化を高めていった。風に意識をもつ文化では風についての言葉が発達し、花が好きな文化は花を多く見分けた。肉を好む人達は肉の種類を詳しく言い分ける。そしてそれらが支える文化が生まれる。このようにヒトの社会活動わけても音声言語活動は脳と深い関係がある。逆にいえばヒトにおける脳活動の特徴は言語活動に凝縮されているわけであり、その言語が人間社会を下支えし、それぞれの社会を特徴付ける文化が生まれてきた根本的な部分であると考えられる。言文一致によって新しい近代現代文化が開けたことも当然予想できよう。

　黒田（1990）はヒト科の脳には階層性、多様性、冗長性があり、脳機能の単純な分子レベルへの還元を成り立たせないとした。当然脳活動と深くかかわる言語活動は階層性、多様性、冗長性を導き継いでおり、それを滋養とした社会文化が、それぞれのヒト社会に育ってきた。したがって、各社会に生まれる言語はその社会文化をさらに育てるためには欠かすことはできないであろうし、新しい文化を育てるためには新しい言語への挑戦も又必要であることが分かろう。

　過去の言語は文献の中に蓄えられている。他文化の原典を翻訳し、積極的に理解あるいは移入し、これからの社会文化に活かさなければならない。一方、自分の文化の言語で描き、他の文化へと翻訳して、ヒト共通の脳の働きの共有財産として広める必要がある。

　現在は過去と未来の接点にある。私たちは受け継いできた文化を活かしながらこれからの社会を考えなければならない。個別文化から地球文化への移行である。これまでの歴史は文化間の抗争によって、ある文化が淘汰・融合されたと語られる。個別文化は自由選択競争によっても、また価値論的使命遂行が行われ、他の文化との接触によって影響を受けて変移しても、いずれにしても結果としてそこにある淘汰が働く。その過程を積極的に進めるか、自由競争に任せるか、極力抑えるかの行為が選択される。

　競争による淘汰を避けるには、個別文化の共生から地球文化への断続

平衡的移行を待つのか、それとも移行ではない共生的個別文化と地球文化を階層的な構造として安定化させるかである。後者は脳のもつ階層性、多様性、冗長性としても、また自然システムが示す安定性機能と柔軟性機能としても捉えることもできよう。そのような過程もその過程を支える環境自体が大きく変わることが考えられる。たとえば地球文化の意味の大変革である。現在文化における地球とは文化が最大限に広がりえる空間を意味し、無限という意味で用いられる。しかし、地球は太陽系の一惑星であり、太陽系自体も銀河系の一恒星系でしかない。すなわち、宇宙からみれば、地球は極めて小さな部分でしかない。その場合、地球はこれから開けるだろう宇宙空間への広がりの起点であり、無限への始まりとなる。このような可能性が実現するならば、事態は一転し、地球文化は一つの局地文化となる。また、宇宙膨張説に対し宇宙縮小説が対となって提出されるように、文化においても拡大から縮小へと淘汰が逆に進むのであれば、再び地球は大きな存在となり、地球文化の意味は大きく異なってこよう。

33. 自然の意味　1997.7.13

　ある温泉でのことである。谷間の上部にある露天風呂から見た谷下は折からの紅葉で明るく開けていた。特に近くの枝の葉は黄色い光を発し、輝いていた。さらに美しさを求めたが、しかし、手前の枝の黄葉にかなうものはない。遠景の山並みも形を変えない。先ほどの感動を呼び戻そうとしている。「そこの黄色の葉は輝いている」という言葉が残り繰り返される。繰り返される言葉が手前にあり、景色は色褪せ遠のくようだ。岩に手を掛け、身を沈め、眼を閉じた。

　湯気がランプの灯で見える。ごく近くの葉に気をつければ色はまだある。霧の先は薄黒いシルエットがやや明るさの残る空の下にある。霧の先には数人の女性達がいる。遠くに姿が、声は後ろに分離している。湯気がランプの灯を受けますます濃くなるようだ。意識せずともあたりが動いていく。変化していく。

　昼間と夜は別の世界だ。昼間の景色は動かない。感動は最初にある。

夜の気配は動き始める。意味はますます深くなる。

　色彩のある世界と、色彩に乏しい世界とどちらに深い意味があるかは比べられない。白黒写真とカラー写真、白黒映画と天然色映画、カラー放送に入る前に観た力道山のプロレス中継にどんなにか興奮したものか。今でも思い出せる。

34. 脳と精神　1997.7.15

　科学は物質的な関係像として精神によって把握されている。

　精神活動は脳活動に下支えられている。その精神は脳から一方的な情報と活動するエネルギーの提供を受けるが、直接行動として脳にフィードバックしはしない。身体に直結する脳は、身体からの情報をもって活動する。その情報を処理し意識へと立ち上げる。認識し意識し、そして行動する。それが脳の活動である。精神は認識し、意識し、行動する主体となる。脳は身体からの情報を受けて、認識し、意識し、行動するが、その主体ではない。あくまでもそれを下支える物体的存在である。日常は脳の活動であり、科学は精神の活動である。

35. あの世とこの世　1997.7.15

　水平線を越えた船は見えない。宇宙の果ては、水平線に沈んだ船に例えて、その先は分からないのだとある人は言う。船が見えていた水平線のこちら側と、船が見えなくなったあちら側がある。船という物体が見えていたこちら側と、見えなくなったあちら側である。船を人に置き換えてみると、人の活動が見えるこちら側と、人の見えなくなったあちら側ということになろう。船が水平線から姿を現したときは、今まで見えなかったあちら側から認識できるこちら側に船が入ったことである。いままで意識していなかった人が意識の内に入ることと相似しよう。私にとって見えるあるいは意識できる側と、私にとって見えないあるいは意識できない先がある。そのように意識できる私は五感に基づく脳活動より進み出た精神活動が支える私なのだ。その境は予め在るのではなく、そのことに注視したとき初めて現れよう。この世とあの世、船は行き来

し、人は去就する。私が見ている地平線。私が背伸びすれば地平線は広がる。だが足元は暗くなる。あったものが見えなくなる。その境が地平線である。また見えなかったものが見えてくる。そこにも地平線がある。在るものは在り、ないものはない。そこには地平線はない。脳に基づく意識があり、脳からはなれた私がその意識をこちら側として捉える地平線を意識している。私が脳そのものであれば、こちら側すなわち日常である。私が精神にまで至れば、こちら側から去就する地平線を私は見つめている。それは宇宙についてであり、あの世についてである。社会は宇宙やあの世に通じる組織であり、現実的日常生活はこちら側の個人である。

36. 人間の特殊性　1997.7.21

　分類とはあるものに他と区別できる何かがあり、それをもってあるものを他から分けることを基本としていよう。人間は他の動物から区別できるとは、人間に他の動物と区別できる何かがあることを意味する。人間は知性、理性をもつことで他の動物と区別できるとか、人間は言語をもっているとか、人間は感情をもっているとして、人間の意味づけがされている。遺伝子的、すなわち形質的な違いとその意味が物質と精神の相補性として意識されそこにある。物質と精神が相補的にもたらすもの、それが文化であろう。生命は物質と精神の相補性の現れである。すべての生き物はそれぞれの物質と精神がすでにそこにある。そうであるならば、そこにはそれぞれの文化が生まれているとしなければならない。人間の文化と同質な、物質と精神の相補性がもたらすそれぞれの生物の文化があるのだ。それらの文化は各々単独にあるわけではないだろう。それらの間に歴史的な関係、空間的な関係、物質的な関係、そして精神的な関係が読み取れる。そのような関係の一つとして共生関係がある。

　共生関係は空間的、物質的に相補的に働き合いが生じている関係である。地表面に生命があり、地表面から離れれば離れるほど生命のない物質的な関係が顕著となる。生命は地と空の接する水で顕著となる。生命

を基調とする文化の総体が自然であり、自然は非対称的な宇宙に接してある。自然の上に天の宇宙が、自然の下に地の宇宙がある。自然は地平にて天と地が限りなく対称性を消した宇宙に溶ける。そのように自然は上下の宇宙と地平の宇宙の間にある。上下の宇宙は生命が希薄であり、地平において宇宙から生命が滲み込み、生命が自然から滲み出す。それが自然の誕生であり、自然の均衡であり、自然の消滅であろう。自然から故意の脱出、意図的宇宙への滲み出し、それが人間であり、自然の消滅への加速的行為を行っているようだ。人間の特殊性はそこにある。

37. 意識は等質性か　1997.8.4

　認識は意識の状態によらずに不変に保たれるか。

　双眼鏡を使って近くの林を見ると、林にある木々の幹、枝などは立体紙絵のように薄く伸ばされた幹や枝が少しずつ間隔をもらながら幾層にもなって認められる。奥行きのみが圧縮されたために僅かな奥行きをもつものは紙のような平面として見取られる。音楽を認識するときにその時間性は短縮できるのかと思うときがある。たとえばある歌を口ずさむとき、あるいはこころで唱うとき、その速さは任意に変えても歌は成り立つのか。過去を振り返ったり未来を思ったりするとき、その事象の時間的圧縮はどのようになっているのだろうか。

　空間の認識についてその等質性は状況によって損なわれるようだが、時間も等質性は保存されないのだろうか。

38. 生きるための規準合わせ　1997.8.4

　新しい眼鏡に替えて眼鏡店を出て、いやに景色がはっきりと見えたが、視野の端の電柱が曲がって見えることに気が付いた。また坂道では今までより急に見えた。現在も同じ眼鏡を掛けているがそのような意識は全くない。視野の端に見える電柱が曲がっては見えない。したがって、この時間経過の内に、眼球の網膜に映った像とその像の意味が脳によって新たに読み取れるように規準の変更がなったのであろう。もう一つの例を挙げると、歯が一本欠けたときのことである。飴を嘗めていた

が、その飴が真ん中に穴が開いているドロップとなった。

　私たちは意識せずに環境に順応していることの例である。生きるために規準合わせの変更は様々にそして絶えずされていると思われる。

39. 点から線分へ　1997.9.5、1998.1.21

　社会は個人から成り立っている。個人間に何らかの関係があれば、個人は連結され、連続体となり、その集団は社会を作る。したがってそこには関係という作用が働き、空間時間が歪み色彩が生まれ出る。個人は点であり、関係ある個人とは線分をつくり、社会という点と線分を要素とする構造が生まれる。個人が関係という網を揺るがすとき、エネルギーが働き、色点となり、それら色点からなる社会が点描から描かれる景色のように現れる。いかなる社会も色彩が溢れ、豊かさがあるはずだ。個人が社会を意識することで、社会は個人間の作用としての光を送る。それを受けさらに個人が個々に輝くことで、社会が色彩豊かになり、美が生まれ、喜びで満ちる。

40. 個人的知識と科学的知識　1997.9.5、1998.1.21

　個人的知識と客観的科学知識とどちらが事実であろうか。

　各個人がもっている知識は、裸の身ならば、それが唯一の事実であろう。だが、それが科学的知識によって検証され、両者に異なりがあった場合、科学的知識が正しいとして常に個人的な知識は修正を受けなければならないのか。科学的には正しくとも、個人にとっては正しくないこともある。科学的論証には常に仮定という枠組みが設定されている。個人には個人として生きるという大前提がある。両者の前提が矛盾をきたさない場は自然にまだあるだろう。科学的知識を道具として個人的な知識の前提を深く探る。科学的知識という道具は人に取って必要不可欠のものではないが、たいへん有効な道具であることは確かである。とくに科学的知識は物体・事象に絡みつく事項を理解するのに有用である。それは自然の内にある。その一事項が人である。人も自然の内にある。個人的知識は当然自然の内にある。だが科学的知識は自然の外に出ようと

する。自然を超えようとする。人を無視しようとする。

41. 文理シナジーへのシンボルとしての自然　1997.11.11

　人々の生活様式、行動規範から抽出される文化のエッセンス。自然現象から抽出される科学のエッセンス。それらエッセンスを直接自然に同化させる。身近な人の言動に、ある文化のエッセンスを強く感じるときがある。私の感じる整合性に、ある文化の特徴を意識することがある。様々な文化は、交易・競争を通じ、また人的交流・教育により、伝播され、社会の中に、個人の中にクラスター化してある。一方、新しい文化が生まれている。土と生物（人）、すなわち重さと人気を払拭しながら、技術と情報がセットとなって、文化の置換が進められている。しかしながら、土と生物があって、はじめて新しい文化の担い手となれることを確認する必要がある。土と生物を自然の中に見出せる六感の育成こそが文理シナジーの求める重要なそして緊急なテーマの一つとなろう。

42. 自然……文理が望むもの　1997.7.22、1998.1.21

　久しぶりに古い言葉を聞いた。数日前に亡くなったソニーの創立者井深大氏は「実学」と「虚学」は、ものを作るのが実学でその他は虚学であるとし、ものを作ることの大切さを常に言われたそうだ。この場合「実学」は工学に近く、科学における工学と理学に通じるようにも思い、またそのことを自然科学に対して他の諸学の関係へと広げて考えもした。その場合強弱が逆転し、むしろ虚学の意味をより強く意識する必要を思ってしまう。しかも虚学に虚学空間の意味充実を確かにすることが。

　大佛次郎賞受賞作『ニュートンに消された男　ロバート・フック』（中島秀人）について紹介した中で"科学全体も、ニュートン以来実験を軽んじる理論至上主義が支配している。産業を現場で支えてきた工学が、物理学に比べ評価されないのも不思議だ。"と長沢美津子は『朝日新聞』に書いた（1997年12月22日）。しかしそれは学識の世界であって、社会を確実に実験学、物質科学が制圧している。工学は理論にとら

われていない。むしろ理論を超えて直に自然と対峙している。自然の記述がむしろ理論を説明している観さえある。『量子力学入門』(岩波新書、並本美喜雄) にその一端が示されている。

　虚学の意味が実学に機能するとき私たちに安らぎが訪れるだろう。意識、言語、行動が、衣食住の根本にまで至り、生活のあり方を支えるならば、意識、言語、行動の意味が自然と連結し、現実と将来との断続からくる不安を低められよう。

　すでに『生命の意味論』(新潮社) の中で多田富雄は言語の遺伝子について語り、虚学を実学に結び付けようと試みている。松野孝一郎は"経験は信号が新たな信号を生み出す過程を通じて生成されてくる。我々にとっての経験は慢心と後悔、あるいは得意と失意の交叉する信号の遣り取りから生まれてくる。"と言い、"ものを眺める時、それが我々の仲間であれ、他の動物、植物、単細胞生物、更に分子、原子のいずれであれ、全体を外から眺めることが適わぬとするならば、内から眺めるのみである。"と「内からの眺め」(『現代思想』24、pp. 259-292、1996)で述べている。郡司ペギオ幸夫は"あなたは、あなたの理解が無根拠に成立するをもって、初めて、実在論の地平から逃れることができるのだ。"と「原生計算と存在論的観測　生命と時間、そして原生 (完結)」(『現代思想』24、pp. 256-287、1996) で述べている。

43. ジェネラリストとスペシャリスト　1998.1.29

　大手証券会社の一つである山一証券が倒産し、解雇される人達の再就職の厳しさが報道されている。一つは年齢によることと他の一つは仕事内容が取り上げられている。

　年齢については次のようなことが言われている。会社の給与体系は年功序列的であって、低年齢では低賃金で、その後徐々に加算され高年齢で高額となる。一方会社への貢献度は低年齢では小さいが、やがて経験を積み活動力がある内にめきめき仕事をこなすが、それもそのうち頭打ちとなる。両者を横軸に年齢、縦軸に金額としてグラフ化すると若い内は賃金より仕事の稼ぎは少ないが、すぐにその関係は逆転し仕事の稼ぎ

が賃金を上回る。しかしだんだん賃金は高くなるが仕事額はそれほど伸びなくなりその関係は再逆転し、定年を迎える。その二つの交差点の年齢は35歳を挟んであり、35歳より若い人を採用すれば定年までに会社が払う賃金よりその人の仕事量が上回るが、それを超えると会社がその人に支払う額が得る量より多くなるという。再就職が35歳を境として、それ以上で急に困難となるのはそのためであると解説される。

　一方、課長クラスの人たちが再就職に際し、これまでの職場での実績として統率力や管理能力を強調しても、先方の会社ではそのことをあまり評価せず、またその能力をあまり求めていないことが分かるという。それよりも新しい分野への投資関係について実際的なデータをもっている人達は多くの企業から誘いを受けるという。すなわちジェネラリストとスペシャリストによる再就職の難易がはっきりとでているという。

　ジェネラリストが得意とする人間関係はその職場固有のもので、他の会社の人間関係にそのまま適用するとは限らないとされ、個人的な人間理解はその場に長らく生活して初めて得られるのだとみなされているようだ。一方、スペシャリストのもつ専門性は職場が変わっても十分に発揮できるので、より普遍性があり、即戦力として他企業は求めているのだという。

　だが、このことはジェネラリストが不必要で、スペシャリストなら何でもよいということではない。スペシャリストはその技能が他より優れていなければならない。外資系の場合、その競争は国際的な場においてであり、未だ欧米のスペシャリストの力はとても高いようだ。スペシャリストは今日の国際化、情報化の社会にあってはそのスペシャリティは過酷な競争に晒されるのである。

　スペシャリストが十分に活躍できるのもそれを支える組織があってであり、そこには当然ジェネラリストがいる。スペシャリストの採用に際してはその企業のジェネラリストがその判断をすることも事実であろう。

　今回金融界に象徴的に現れているような現在社会の混迷、さらには地球規模での環境問題を考えるとき、その原因の一つに、様々なレベルお

よび種類の組織でスペシャリストとジェネラリストの齟齬が感じられる。

　大学改革の中で、教養課程の崩壊は社会があるいは会社がジェネラリストの排出を好まなかったためともいわれる。大学はスペシャリストを出してくれればよいということであったのだろう。だが、ジェネラリティは個々の会社のそれぞれの内にある。個々の組織の内にある組織が解体するとその働きは他に通用しない。組織とは、細胞からなる組織体であり、個人間の関係、家庭、同好会、クラブ、委員会、会社、企業グループ、学校、……、国、国連、……、生態系、……、自然と様々な形態、様相、性格、規模がある。組織間にまた幾重にも関係があり、構造もみられる。だが、そこには必ず、個がある。個があるから組織が成り立つ。個には個となるスペシャリティがある。個が個となり得るにはジェネラリティがそこにある。つまり組織はジェネラリティ（統括性、一般性、普遍性）とスペシャリティ（専門性、個別性、特殊性）から成り立ち、しかも両者が相補的な関係にあるとき最も活きていよう。それは組織が、一方を強調するときは他がそれを支え、他方が強調されるときは一方は優れて実力を発揮している時であろう。

　個人の健康、家庭の意義、組織のあり方、国家間の信頼、自然との関係などこの観点から捉えてみるときである。

44. 世代交代　1998.2.2

　急にひとりぼっちの自分を意識する。
　あわてて動くと迷子になる。
　文化・社会とはそのようなものだ。
　ある文化・社会の内にあれば、独りぼっちを感じない。
　しかし、その文化なり社会に疑問をもつと、孤独を感じるようになる。

　「唇寒し」とは孤独の一つである。
　会話した後の疎外感である。

今まで特に意識することなく話していた。
だが今ははっきりと見え始めた。
世代交代の文化・社会が見える。

不思議だ。
動くかにみえた文化・社会。
だが、押しようがないのである。
押しどころがないのである。
手がかりが見えないのである。

今はそっとして、しいて動かないのだ。
落ち着くとよい。
同じ時を生きているのだ。
動かない文化と社会。
共に生きているのだ。

45. どう自然を意識しなければならないか　1998.2.12

　原野を耕地に開拓する苦労は大変なことであったろう。取っても取っても雑草ははびこり、退治しても退治しても害虫は発生し、捨てても捨てても石は土の中からでてくる。野獣や病気との戦い、野火や洪水から田畑・家を守り、地震や津波の恐ろしさを幾度も経験したことだろう。自然と戦い、そして自然を征服して初めて、生活が安定し、暮らしが楽になるのだとどんなにか思ったことだろう。石鹸を知り、衛生的な生活が可能となり、伝染病から身を守れた。鉄の大量生産によって鍬、鋤などの農機具が大衆化され、開拓、開墾、耕作がどんなにかたやすくなっただろう。薬や農薬の化学合成の成功は病気の治療や農作物の増産に大きく貢献した。自然と戦うなかで得た知識は蓄積され、やがて学問として整備され、そして科学が生まれ、技術が自然に対し積極的に挑戦し始めた。科学は自然自体を不確かな存在とみなし、実験という鏡に掬われる部分のみが真の存在とし、他の兆候は疑い、虚像として疎まれ切り捨

てた。文芸・芸術は自然そのものに畏敬・祈願・感動し、実験という鏡を気にしつつも、その見方を否定し、虚像の実像を求めようとする矛盾に苛まれ、自然との戦いそしてその征服については無関心となり、個人の中に閉じこもっていった。観賞という形での文芸・芸術へのかかわりは、自然を征服しようとやっきになる社会構造・企業組織の一歯車でしかなくなった個人に、自然そのものへの関心を呼び戻させず、また自然の意味を意識させようともしなかった。しかし、意味は自然に満ちている。自然に散在する矛盾は意味によって紡がれ、豊かさを自然にもたらしている。意味はその豊かさのなかに頑なに掬う行為を繰り返す実験という鏡があることを知っている。だが、鏡があるから奥深く矛盾がみえるのではない。鏡は、奥深い矛盾の意味があって、あるのである。鏡は意味を映さない。意味が鏡を知るのである。現在人と自然との関係は新たな局面に入り、自然から新たな挑戦を受けている。それは自然に原始の、そして無意味な兆候が現れ、大地に荒々しい過酷さが顔を出し、そしてまた多くの矛盾が吹き出し始めたのである。今意識しなければならないのは、自然がみせる、その原始のそしてその無意味な、兆候の本質を、まじめに意識することである。

46. 数の意味と自然科学 —— 和と共生　1998.3.6

　たとえば6という数は$4+2$の結果であると同時に3×2の結果でもある。また36の平方根あるいは$6 \cdot \cos 90°$さらには$-6 \cdot e^{-\pi i}$ともなる。様々な計算処理あるいは数空間の交差点として6があると考えられる。

　足し算を学習するときに$4+2=6$は初めにリンゴ4個とリンゴ2個を別々に書き、次にそれが一まとめにされてリンゴ6個が描かれる。数と現実世界のリンゴが結び付けられ示される。では、リンゴ4個とミカン2個の場合はどうか。まとめても4個のリンゴと2個のミカンはそのままである。その結果を6とするには果実というリンゴとミカンを取り込める新たなカテゴリーを持ち出し、4個の（リンゴの）果実と2個の（ミカンの）果実を合わせると6個の（リンゴとミカンの）果実とする必要がある。すなわち、足す数と足される数の意味が同じカテゴリーに

統一される場合に和が得られるのである。しかし足された結果はその意味を厳密に保持していなければならない。後者の場合6個は果実であって、リンゴでもなくミカンでもない。リンゴとミカンを区別なく食べる動物にとってそれは6個の食べ物だとある人は言った。

　6個の果実の実際はリンゴ4個とミカン2個だけではない。リンゴが3個にミカンが3個だって、リンゴが4個に柿が2個だってよい。またリンゴが6個の場合もある。その場合でもふじとか紅玉とか種類の違いがあるかもしれない。同じふじでも大きさ、形状、色合い、さらに新鮮さなどの差異があろう。

　そこでの数は対象物のもつ実際がかき消され、完全に抽象化されたカテゴリー的な意味だけが付与されていることに気付く。人口とは一人一人の人間が足されての数であって、男性、女性あるいは子供、成人などの意味はそこにない。

　すなわち実際の世界を数の世界に、そして数の世界を実際の世界に移行する際に、その意味を十分に吟味する必要があるのだ。自然科学はそのための学問の一つであるが、その意味が生きるとか道徳までに敷衍できるかが今日的な課題だ。

　共生という言葉がこれからの地球にとってのキーワードとなるといわれる。蟻とアリマキ（油虫）は共生の関係にあるという。蟻＋油虫＝共生（蟻・油虫）のように蟻と油虫とが足し算の関係をもち和となり共生態が成立していると表現できるならば、ヒト＋人の共生の和が得られるか、そしてその意味が差し迫った課題なのだ。

47. 自然と四次元の世界　1998.3.14

　人間という種がみる自然世界。個人がみる自然世界。自然は空間と時間の四次元で整理できるか。公園でも、たとえばある程度クローズされていてしかも設置目的がはっきりしている公園であれば、その管理を四次元世界として科学的に扱うことができるかもしれない。しかし自然公園となると、まず自然とは何かが議論され、何をどう管理するかが問題となるだろう。だが、それもある枠組みをはめ得れば、その限りにおけ

る科学的な管理が機能してこよう。このような過程を何段階か積み上げてはじめて、オープンシステムとなり、しかも人間が生活するたとえば都市における自然が管理の対象となる。そこでは科学的な四次元シミュレーションがされ、それと都市の現状と実際の時間変容とを対比し、その差を四次元シミュレーションにフィードバックすることが繰り返され、その経過の中でどうしてもシミュレートできない部分が抽出できれば、科学が自然をそして人間を具体的に捉えたことを意味するのだろう。科学は自然から生まれたが、自然から、人間から離れる性格をもっている。そして科学が取り残したその部分に、大きな意味があると多くの現代人は直感しているのだ。

48. 春夏秋冬 ── 夏と冬はあるが春と秋はないというが。　1998.4.16

「夏と冬はたしかに安定した気候状態としてある。だが、春と秋はあるのではなく、春は冬から夏へ、そして秋は夏から冬へ移る移行過程としてあるのである」とどこかで読んだか、聞いたかしたことがあり、季節について思うとき、よくそのことが頭をよぎります。花が春を告げます。オオイヌノフグリが咲くことで、春が訪れてきたことが、はっきりと視覚的に捉えられます。夏はどうでしょうか。夏は暑さが特徴のようです。「水遊びがしたい」「かき氷が食べたい」「打ち水、うちわ、風鈴、花火大会」などなどが夏と結びつきます。初夏といわれると、私はきまって「卯の花の匂う垣根に、ホトトギス早も来鳴きて、忍音もらす、夏は来ぬ」の歌が、心に鳴るのです。夏はある特定なことからその訪れを知るというより、いくつかの要素が拾い出されるようなある雰囲気が夏を伝えてくれる、それが「……をしたい」という夏を固定してくれるのだと思えるのです。初夏は感じるものかも知れません。春夏秋冬を地形で例えれば、平野と高原と、それから平野から高原に移行する傾斜地がある地形を連想します。平野が冬で高原が夏です。平野から高原に向かう傾斜地は春でして、高原から平野に向かう傾斜地が秋です。春と秋は傾斜地です。平らな平地だけを土地として扱い、傾斜地は土地扱いをしないとすれば、平野と高原、すなわち冬と夏だけがあるのです。

数学に微分という操作・働きがあります。微分とは、ある現象がある原因に因って起こり、しかも原因には大小の程度があり、その大小に因って現れる現象の変化がどうであるか、といった内容を言います。原因に因って現象が変わらなければ微分はゼロといいます。冬は寒く冷たいという日が幾日も続き、寒いという現象は日に因って変わらないので、冬は日（時間）に対する微分はゼロであるといえましょう。夏も暑さが続きますので、時間に因る微分はゼロです。一方、春は日毎にだんだん暖かくなります。日に日に暖かさが変化していきますので、微分はゼロではないのです。したがって、微分という観点からすると、春と秋はあるが、夏と冬はないということになります。大石はどっしりと大地の上にあります。触れることのできる大石は確かにあります。大石の上には空が広がっていました。青いです。しかし、あるのは大石でして、空は触れることはできません。空は大石以外の大石でない部分、すなわちない部分と思えました。しばらくしますと、雲がでてきました。雲は初め白く輝いていましたが、時間が経ちますと、夕陽を浴びて、赤く染まり始めました。そのような雲を含めた空の変化に見とれているうち、変わらないままにある大石という存在に注目意識が薄くなっていきました。大石は変わらない。ないのであると思われるようになり、むしろ空の、今また夕陽で赤く染まりまた変形していく雲にあるという意識が強く感じられ、変わるからあるのだと思いはじめました。春と秋はあるのです。

49. キ（拍子木、タク、木）　1999.3.22

　分析の析の字にポッチを入れるとキでなく、拍子木を意味するタクとなる。相撲はキ（タク、木、拍子木）に始まり、キに終わると言う。相撲の始まる30分前に一番キが打たれ、次々にキが打たれて取り組みが進み、横綱の土俵入り、力士の揃い踏み、これより三役、そして最後の一番後に取り組みの終わりを告げる打ち出しのキが打たれる。キは行司の進行を進める時計の役割を果たしている。キは桜の木の芯を材として作られるとテレビでの相撲の解説者は言っていたが、平凡社の百科事典によると拍子木はカシやケヤキから作られるとあり、歌舞伎での拍子木

の使われ方が書かれていた。縄文前期の5000年前に、福井県の三方五湖近くの鳥浜貝塚から桜の樹皮を巻いた弓が出土している。桜の樹皮は樺細工の材として秋田などで今日でも利用されている。太鼓、鐘なども時を知らせる道具となる。音楽のリズムはドラムなど打楽器がとる。心臓の鼓動はリズムの原点であろう。脈打つリズム、打れる鼓動、それは生きていることであり、個人的時間の表れでもある。蒸気機関車が懐かしがられるのは、シュシュポッポ、シュシュポッポが心臓の鼓動と共鳴するからであろう。

50. 梅の枝の裏表　1999.3.25

　梅の枝に表と裏があることがはっきり分かる光景に出会ったことがある。3月10日に板橋区立赤塚溜池公園の梅林に入った時、横に張り出した枝の上側（表）と下側（裏）ではっきりと違いがあることに気が付いた。上側は灰白色の乾いた色感であったが、下側は黒く湿った色感でありとても異なって見えた。前日の雨で濡れた枝が表側の樹皮は滑らかであり水をはじき易く乾いたが、裏側の樹皮は荒く保水し易いのかまだ乾ききっていない様子であった。これは雨による濡れ具合の異なる枝の裏と表が樹皮の性質の差違を生み出したのかもとも思った。湿りが保ち易く、また直射日光が射さない裏側は苔が生え、他の微生物も付き易く樹皮の変質も生じ易いのかもしれない。雨に濡れた樹枝が黒く変色することは他の樹木でもよく見かける。特に桜の満開時に降った雨が桜の幹を真っ黒くし、桜の花の明るさをどんなにか引き立てたか。また逆に樹幹をくっきりと見せてくれたか。そのような光景に出会ったことが何度かある。水を含んだ土が大変黒く、黒の美しさを土に見たこともある。その日の梅はそのような黒い裏側を持った枝があった。

　なお、透明な水が何故物を黒くするのか。土が水に濡れて黒くなるのは、土からの光の反射が抑えられ、かつ波長の短い側の光の散乱がよりよくされるからのようだ。

51. 銀葉アカシア　1999.3.25

　板橋区立赤塚植物園には一本のギンヨウ（銀葉）アカシアがあり、春になると黄色の花が木一面を見事に覆います。３月の16日に訪れた際には細い緑葉とくすんだ銀葉の葉の中に花の黄色がこぼれ見え始めていました。

　それから１週間後の23日に、再び植物園を訪れました。正面入口の左手に小さな池があります。ガマガエルが７、８匹相手を見つけて泳いだり、また陽がたっぷり当たる岸辺近くにメダカが集合したりしているのですが、その日はカエルもメダカも見えませんでした。いきなりコイが飛び上がり、完全に尾鰭まで水面から出て、周りの景色をぎょろりと眺めたのには驚きました。その時以外は静かで、濁った水がただ池を満たしていました。

　入口広場を介して反対側にある公園の管理事務所に貼り紙がありました。ギンヨウアカシアが強風で根元から折れたので花枝の必要な人は持ち帰って下さいと書かれていて、その下に黄色の花を付けた小枝がまだ１、２本ありました。私は急いで傾斜地のあのアカシアのところに行きました。すでに樹木は処理されていました。跡にはあの華やかな花盛りの木を支えていたのはこの株かと思ってしまうような黒味がかった不規則な細長のひ弱そうな切り株が残されていました。きっとギンヨウアカシアは春の到来を喜び、思い切り水を吸い上げ、緑葉と花房をどんどん生長させてしまったのでしょう。それはあまりにも性急であって、根元が衰え始めていたのを忘れてしまったのでしょう。だから風には耐えられなかったでしょう。ですが、先日は稀にみる強風だったことを思い出しました。水戸や銚子では風速30m/sを超す台風なみの風が吹いたと報道していました。これは自然現象の巡りの一つなのかなぁ、とも思いました。あのアカシアのあった陽で明るく開けた空間を改めて見直しました。

52. 現在の意味　1999.6.3、2001.3.19

　現在とは「過去と未来をつなぐ時間の一点。今。また、今の時を含め

て、ある範囲の時間。」と『現代新国語辞典』（金田一晴彦、学習研究社）にある。過去、現在、未来の関係はここからはうかがえない。過去、現在、そして未来へとつながる時間軸が考えられる。現実、現在、現代という一連の時間と関係する言葉がある。「理想はそうだが、現実はこうである」というように、現実はやや否定的な意味があるようだ。現代とは今の世を表し、歴史的意味合いが強く、現代感覚などと肯定的な新しさを込められてもいるようだ。その点現在という言葉には価値観が伴わず、暫定的に、また断定的に時間断面を単に示す時に用いられるようだ。

　現実は物質的空間的な、現在は時間的な、そして現代は歴史的社会的な意味合いが強いようだ。本村敏（1982）は『時間と自己』のなかで、「分裂病者の未知なる未来との親近性を『祭の前』を意味する『アンテ・フェストゥム』の概念で捉え、一方鬱病者における既存の役割秩序との近親性を、『祭の後』を意味する『ポスト・フェストゥム』の概念で理解した。ここで第三の狂気の本質的な特徴を『祝祭的な現在の優位』という形で取り出してみると、われわれはそこに、最早偶然では済まされない一つの符号を見出すことになる。われわれはこの第三の狂気に、『祭のさなか』を意味する『イントラ・フェストゥム』の形容を与えようと思う。イントラ・フェストゥム的意識に特徴的な時間構造は、いうまでもなく、現在への密着ないし永遠の現在の現前である」（158-159、中公新書）として、現在という私の時間性を整理している。現象、現状、現前、現存、現世、……。

53. 時間　1999.6

　時間とは振り子が一往復する時の間隔。時とは時刻。時刻は環境を伴っているが、時間にはそれがない。例えば昼の一時と夜の一時とでは環境を異にするが、振り子が往復する時間は昼夜の環境を切り捨ててしまい、昼の振り子の一振と夜の振り子の一振は同じ時の経過として、一振という時間を引き出す。その時間は科学の時間である。そのような時間は、時間を生み出した振り子さえ、もはや必要としない。それを記

号 t と置き換えてしまう。時間は t であり、t は時間である以上の何物でもない。t には昼も夜もまた一瞬も一生も含まれているだろうが、その意味を持たない。昼と夜は自然の時間であり、一瞬と一生は個人の時間である。こうも考えられる。t は振り子に入ると、昼でも夜でも、冬でも夏でも、同じ振り子の一振を規制するし、個人に入れば覚醒と睡眠の周期をもたらす。ウラン 235 に入れば半減期を定め、地球に入れば自転・公転運動を固定させる。時間がトーラス上の螺旋に巻き込み始めれば人生が展開し、時間は 120 年後にトーラスから離れる。生命とは時間の特殊化である。したがって生命を持つ生き物は特殊な時間を内在している。特殊化されていない時間を自然時間と言いたい。すなわち、自然時間が生命時間に特殊化されて、生物に取り込まれる。人の場合はそれを個人時間という。個人時間は 120 年である。物質に時間が入ると、運動（移動と変形）を始め、変質（状態の変化）をもたらす。運動に変化が生じれば加速であり、それは物質にエネルギーを生み、変質が質量変化にまで進めれば巨大なエネルギーに変わる。エネルギーは時間を伴って物質から離れる。その離れる速さが光速である。

その 2. 庚辰（2000）── 辛卯（2011）断片 54-93

54. 自然時計について　2000.2.18-19

　自然物には歴史があり、そして時間がある。生物以外の自然物は多分そのままに時間があり、それは時計時間であり、自然にあまねく流れている。しかし自然に流れる時間が即時計時間ではない。今日我々が使う時計時間は宇宙の時間を基準にするが、自然の時間には地球の時間がある。地球は宇宙のある一つの特異点である。何せ物質密度が高く、特異な構造をもつ。したがって時間が物質と関係し、さらに物質が造る構造と関係するなら、地球において時間がある特異性をもっても不思議ではない。それが地球時間である。地球の物質でも生物に特異な構造があるので、そこに特異な時間がさらに生まれる。それは生命という固有な時間であろう。生きているという意識が時間意識に他ならない。ヒトはそ

のことを強く意識することで悩みを負う。その時間を失いたくないからである。しかも時間を自由に操れると思い、時間に挑む。そのような時間を個人的な時間とする。宇宙の誕生と同時に生まれた時間とその経過は時計時間によって計られている。その時計時間は国際原子時の一秒が基本単位となる。それが現在の標準時計時間の基となる。地球の時間は自然が見せる変化に基づく時間であり、それを国際原子時（ここでは時間間隔の精度に加えて時間経過を単純にその時間間隔の和とすることを言う）から読むには、時計時間にしばしばの修正を施す必要がある。閏年などもその一つである。地球時計は自然が見せる特殊な間隔を一年の基準とするものだから。地球には自然のリズムに連動する特異な時間がある。はたしてさらに加えて自立的な時間を探し出せようか。統計の魔法を掻い潜り自立的な時間に生きる生物の時計を知ることができるだろうか。生物と自然を結ぶ時間を知りたい。

55. 気と時間 ── 時間調整　2000.3.14

　体調を調え、健康を維持する行為の一つとして、気を調えることの有効性がよく言われる。体を調え、呼吸を調え、心を調えることは、「全身放鬆」し、「意守丹田」することによって得られ、日常の生活状態から心が調った状態に時折戻すことが心身の健康にとって大切であるようだ。この「全身放鬆」し、「意守丹田」することで、日常の心の状態から離れた無心の状態になるようだ。この無心の状態は生命の基調となる、自然のリズムが刻む生物時計の進行の中にいる状態とも考えられ、生命の静の状態とでも言えようか。これに対し日常の生活では意識が働き、個人の思いは高まり、また個人の意志は押さえられる。ここにて刻まれる時間は個人的な要素に大きく影響される、個人的時間であろう。１日が長かったり、短かったりするのはこの両時間のずれを感じることによろう。よく、「不健康はストレスから生まれる」と言われるが、このストレスとは生命の基調となる自然のリズムから日常の意識が働く個人的な時間が移行・経過することにより生じる時間のずれが大きな要因となろう。「全身放鬆」し、「意守丹田」することは、そのようなずれを

解消することにあるのだろう。

56. 空気の認識　2000.6.6

◇はじめに

　空気そのものは見えない。直接掴むことはできない。だが、風が吹き、また梅花の薫りが漂ってくる。そこに空気の存在を知る。空気の在処から雲が生じ、雨・雪が降る。空気自体も液体となる。空気を呼吸して私達は生き、ろうそくは空気があって燃える。しかし、空気が汚れていると病気にもなり、木も枯れる。

◇物質、物体とは何か？

　物質とは質をもった存在である。物体とはものである。質とは、存在とは、また物とは？

　質とは形態、量を具備し、存在とはあることであり、あるとは認識できることである。物とはその質をもった具体的存在である。

◇空気は物質である

　空気の質は、形態として気体であり、量としては地球の大気である。真空の対概念として意識できる空気は、液体空気としてその存在が固定され、上空での希薄、煙害、炭酸ガス濃度、オゾンホールなど事象の場としても注視される。

◇空と気の存在

　空の用として、空の存在を強く指摘したのは老子である。「三十輻共一轂。當其無、有車之用。挺埴以為器。當其無、有器之用。鑿戸牖以為室。當其無、有室之用。故有之以為利、無之以為用。」（第十一章）と有に先立つ無の働きを説いている。ここで言う無とは空であり、空気が占める空間の重要性である。確かに器は凹んだ部分が有って初めて其の用を為す。ものを入れることが器の働きであり、器の凹部分にものが入るのだ。其の意味を敷衍すれば空なる存在は様々なものが入

り得る空間である。すなわち、空気が満ちている空間は人が生活する空間であり、容易にものが納まり、また移動できる空間である。

◇気の存在

気は放たれ、充ち、あるいは収斂している。空気の活なる機である。空気自体が活と言うよりも空気の活されている状態であり、空気の外に活する存在がある。それは人間であったり精霊なる存在であったりする。精霊なるものは、人が呼び入れることにより活する存在となろう。

空気、水、土は物質的存在であると同時に、その在処は、われわれが生活する空間ともなっている。われわれはそこに個人として生活しているだけでなく、様々な組織をつくり、文化を生み、社会を形成している。そして国家が成立もしている。

われわれの生活空間から、微視世界に移ると、そこには気体分子の運動があろう。その平均運動速度は0.5 km/sec.（0℃）である。分子間に1回衝突が生じるのは、平均して自身の大きさの165倍の距離を進む間である。これらの数字はあくまでも平均であり、個々の速度は分布の内にある。

57. 行為・行動について　2000.6.14

われわれが起こす行為を考えてみると、習慣づけられた行為、たとえば歯を磨くなどは、毎朝歯を磨こうか磨くまいかなどと選択する前に鏡の前に立っている場合が多い。しかし、旅行に行こうかとなるとかなり強く選択的な意識が働く。何処へ、何時、など選択し、そして結果として行かなかったりする。両者の始動の一歩は同じであり、鏡の前に向かうのと玄関に向かうのとでは、荷物を持つか持たないかの差を除けば、運動量の差は無い。しかしその先の行動は大きく異なり、その違いは選択した行為を始動させた目的がもたらしている。

目的の行動を選択させる吸引力が大きければ、その目的に向かって行為する。ただ目的がもつ吸引力は、行動に対して何時も同じ効果をもつとは限らない。たとえば海を見たいといった目的が、休日の朝にあらわ

れるのと平日の夜にあらわれるのとでは、実際に海を見に行くかどうか
に決定的な差を生むと思われる。お金があるときと無いときとでは更に
決定的になろう。

　意識することによって、どのような行動目的が生まれてくるか、大変
興味がある。うまく行動目的が導出できれば、素直な行為となって、行
動できよう。ヘタな目的が登場すれば、行動への選択は迷路に入り、た
だただ迷ってしまい、行動までに至らない。ただし素直な行動において
も、行動の結果が目的と一になるかどうかは保証されず、行動の軌跡が
結果論として解釈されうるに過ぎない場合もある。素直な行為をすれ
ば、行動の結果に悔いは残らないとは言えようが。

　意識が生み出す行動の目的は、持続的な思考から生まれるのか、それ
とも偶発的な意識の高まりが生み出すのか。そして結果としての行動の
軌跡は必然としてなぞられうるのか、あるいは偶然として解釈されるの
か。

　きっと、人間が分子の世界を微視的に見る如く、巨視的な立場で人間
を見ればその行動軌跡は、気体が分子の運動として把握されるに類似し
て、集団としてはある統計的確率分布になぞられる行動域を出ないので
はないだろうか。人間は人間であって、人間を超えられない。人間は物
質を超えられず、また物質とて人間を超えられないだろうし、また人間
は生物であって、生物を超えられないだろうからである。

58. グラウンドに土を、足にゾウリを　2000.6.27

　選挙の日（6月24日）、『朝日新聞』日曜版に『平家物語絵巻』が
載った。そこに藤原信西の首をなぎなたにくくりつけた甲冑武者が裸足
で進む姿があった。烏帽子を着けた武者も裸足である。なんと裸足が地
に着いていることかと見入ってしまった。甲冑姿にも、また衣姿にも裸
足に少しも違和感が無い。平安時代に多くの人が裸足で生活していたこ
とがこの絵巻に描かれていた。池袋のサンシャイン通りで、多くの若い
女性が底のきわめて厚いサンダル風履き物を履いているのに出会い驚い
たのはそれほど前ではない。それもいつしかそれほど気にならなくなっ

ていた。それでか6月に入って多くの女性が普通のサンダル風の履き物を履いているのに気付いても驚かなかった。むしろ、たまたま乗り合わせた電車の中で、ほとんどの女性がサンダル風の履き物であったときには、洋服には靴ではなくサンダルの方が似合うなと感心したりもした。それに比べ、その電車の中の男性はみんな靴を履いていた。夏でも靴を脱がずにいる男性文化がとても野暮ったいように思えてしまった。そのような体験があったので、『平家物語絵巻』で裸足の男達に会い、裸足がとても新鮮にまた大地の上でのびのびとしている様子に、男性には靴よりゾウリ（草履）が似合うなと私はつぶやいてしまった。その日の午後、近くの小学校にサンダルを履いて投票に出かけた。砂地のグラウンドは折からの雨で水を含んでいたが、歩きづらいことはなかった。かえって久しぶりに足下の様子に大地を歩いているなと感じた。かつて小・中学時代の運動会は裸足で行われた。秋日のその日に、足を下ろした大地の冷たさを、今でも鮮明に覚えている。そして太陽に焼けた夏の砂浜を我慢して歩いた記憶と共に懐かしく思い出される。現在近くの道路はことごとくコンクリートとアスファルトで覆い尽くされている。都会では大地らしい場所を歩けるのは公園、神社の境内、そして学校のグラウンドぐらいであろう。しかしその学校のグラウンドもコンクリートやアスファルトで覆われている所が多いようだ。雨に濡れた砂地を歩きながら、グラウンドは土が良いな、そして男はゾウリ履きが良いなとしみじみと思った。さすれば自然が意識できるなとも。

59. 犬吠埼の日の出　2001.2.2

　銚子の犬吠埼（いぬぼうさき）は日の出の名所の一つである。そこでの太陽は太平洋から昇る。海岸からいきなり岡というか、山となる犬吠埼では、日の出る海を海岸の高い位置から見下ろすことになる。近くの屏風ヶ浦では切りたった崖が海に落ち、また天王台では360度の展望が開けて地球が丸く見える。銚子には見晴らしのよいところが多いのだ。高い海岸から見る水平線ははっきりとしていて、日の出もそれだけ見やすくなる。銚子は本州の南東端に突き出た小さなサイコロであり、犬吠埼はその東側とな

り、日の出の早いところとなる。初日の出を誰よりも先に見たいという
せっかちな人にとって、犬吠埼は人気が高い日の出の名所なのだ。元旦
の初日の出ともなると、多くの人が遠方より集まり、海岸沿いの道路は
自動車の大渋滞となる。日の出を車から見ようとすれば、大きな過ちと
なる。車から降りて海岸に出て日の出を拝み戻ってきても、自動車は同
じ場所で動けず待っていよう程のものだ。犬吠埼の新年は車の渋滞から
始まるようだ。

　西明浦にあるホテルからは、左手に白い犬吠埼の灯台が岬の先に見
え、前面には太平洋が大きく広がり、手前の砂浜には白く波先をそろえ
た大波が２つ３つと打ち寄せている。右奥の砂浜をたどると漁村らしい
佇まいの残る民家が遠くにある。青い空には白雲があった。きっとここ
から見る日の出はどれほど素晴らしいだろうと思うのが自然だ。

　露天風呂で見た海の景色は明るかった。室内の温泉はぬるかったが、
すぐ外の露天風呂は適度に熱く、塩辛く、波の音もまた数本の菜の花も
全てが快適だった。「飯岡まで雪が降っても銚子には雪は降らないです
よ」と日焼けした地元の人との会話も気持ちよかった。風呂から上がっ
てからは、中学同窓仲間と杯の交換、歌を唄い、昔話の盛り上がりと忙
しかった。

　翌朝の朝食時、「日の出をお風呂から見た」とＫが得意げに言った。
同部屋となったＴが「それは６時20分ごろだろう、起きていたよ」と
応じたので、「起こしてもらいたかったな」と言ったら「高いびきをか
いて寝てたよ」と言われてしまった。ただ残念とは思ったが、心底から
ではない。昨夜の楽しい語らい、ほろ酔いでの熟睡、そしてこの満ち足
りた目覚めが、自然事象へのこだわりに、明らかに克っていたのだ。

　犬吠で、日の出を見ずに、高いびき。

60. 気持ちよき朝　2001.4.4

　これほどまでに朝の散歩が気持ちよく感じられることはめったにな
い。桜は至る所で満開であり、柳の薄みどりは晴れ上がった穏やかな空
気に融けている。犬もいつものような強い綱を引かずに、おだやかに歩

んで、この春の朝を楽しんでいるなと感じられる。

　時間に対する空間の広がりは速度であり、物質の増加は成長である。速度、成長はインフレに合う。それに対峙するデフレは萎縮の響きがあるようだ。時間に対する時間の延長は何であろうか。それはデフレにおいても豊かさを感じる何かではなかろうか。

　緩やかなデフレにおいて豊かさを見出すこと、それこそ現代が希求するテーマではなかろうか。この朝に感じる気持ちよき何かである。時間をギフトとしてそれを捉えられれば、ひとつの現代の規範となりうる概念に繋がるなと思えてくる。

　気持ちよき朝に歩を進めた。

　時間の時間変化は、個人的時間の外在化か。現在から未来への移行か、それとも過去・未来からの現在化か。

61. 個人的時間についての一考察　2001.5.25

　時計が示す時間はできるだけ変わらない基準によって参照される。その基準はこれまでに地球の自転、地球の公転が担い、そして1967年からはセシウム原子の原子周波数に基づく秒からなる国際原子時が定められている。時刻として発信される時間は、時計に写され、時計時間が刻まれる。

　そのような時間と比べて個人が感じる時間の経過は、同じように繰り返される行為でも、時には長く、時には短く感じられ、それを個人的時間とすれば、それは意識することによって初めて固定される。私たちの生活は時計時間との対比をしばしば要請され、かつより正確さが求められる。昨今、そして特に情報通信の変革が進む現在、時計時間は個人的時間を意識し、対比するという意味においても、正確さ・不変さとが必要となる。一時施行が議論された夏時間はそれに逆行することであり、その実行は避けるべきである。

　私達は現在を個人的時間においてはっきりと意識できる。過去も未来も、現在に凝縮されると自覚できる。エネルギー獲得に未来が見出せず、自然環境への過去の行為に償いを強く意識する社会にあっては、個

人的時間は現在へと強く引き戻されざるを得ないだろう。それが現代の状況であり、時間が物質・空間に広がり得た時代から、現在という個人的な時間に収斂する時代に移行しつつあるのだ。

　やがて、個人的時間において他者を認め、他者との共時性が意識できるようになれば、現在への引き込みは弱まり、時間は新たな矢先をもって広がり流れはじめる。物質の物質としての意味が薄れ、空間の空間としての意味は弱まり、さらに物質と空間との関係が失せて、運動としてあった時間が物質と空間から離れて、個人的時間において意味をもつ。かかる文明では、時間の属性となる前・後がより強く意識されよう。

　前後の明らかなある現象がある。そのとき、現象自体ではなく、そこで認識される前後の方が実在となるのだ。そのような実在が優位を占める文明では、もはや原因・結果の追跡、作用・変化の計測、因果・報応の会得は社会を動かす大きな力とはならない。現象の前後を素直に受け入れ、その現在を実在として捉え、自己は個人的時間の中で生き・生活する。さらに自己は現象の前後の中に進み出て、他者との共時性を介して、その現象と同化する。そこに至って自然は開けて、ごく平凡に、ごく素朴に自然と共生できる、ヒトの新しい世界が誕生する。

　通信においては、送信と受信がある。送信が先で受信が後である。一般的に送信者は他者に対し送信する。したがって送信者と受信者は異なる時間（個人的）にある。しかし今日、己が自己に向けて送信し受信し始めている。個人放送、自己介護などがそれであり、また遠隔予約操作もそれである。通信は物質と空間を突き抜ける時間そのものである。己の自己に向けての通信は、個人的時間における現在の外在化である。そこに自己と現象の同化が生じるのであれば、それは現代文明を特徴づける行為の一つとなろう。

　このような時間を規範とする文明は、もちろん己の現在をそれぞれに認識することから成り立つのだが、現在の外在化が社会経済にどのように有為となるかが課題となってこよう。

62. 時間について　2002.3.14

　◇現在の内容

　外から見ると様々な状況下にある。行為・行動と関係した時間が経過することまたしたことは確かであるからだ。しかし、そこから時間だけを抽出することは難しくまたそれは無意味と思われる。なぜならそこでの時間は取り出そうとする時間と同一ではなく、無理に時間だけを取り出すことはそこでの現在を解体・無碍にしてしまうからである。時間は時計時間としてその外を経過しているようだ。時計時間は内的進行の個人的時間に任せてただその外側にある。社会としてある。他者との関係においてある。個人が時間を時間として意識することでその社会的なそして他者との関係で認知している時計時間に転移する。

　個人的時間とは自分一人の一個体では必ずしも無い。対話する相手、農耕する土、釣りで浮きと水面を含めた場、映画館でのスクリーンの映像などまでも含めた広がりに個人的時間がある。そこでは様々な作用・関係が執り行われている。どのような切っ掛けが、どのような展開に、予めの予定予想はない。過去・現在・未来の時間の流れは成立しない。いや成立することも当然ある。だがそれが総てではない。未来が過去を修正することもある。丸い浮きから出る波紋から思い巡らし、波紋の先から水下の小魚の波紋を生む姿に連なり、いつしか波紋の先から波紋の出を追っている。そこでの釣り行為はその極知であろう。結果として魚が釣れる。ここでは時間の矢が逆に流れる瞬間である。それは現在の中にある。個人的時間は現在のみかもしれない。それは個人の知の極地である。

　雪に足を取られ、また階段を踏み外して倒れる瞬間、そこに重力から解放された浮いた瞬間がある。その現在は宇宙における時間の流れに共鳴する瞬間でもあろう。酒を飲んで意識が離れる瞬間、その瞬間にはまだ自意識をもって立ち会っていないが、その瞬間は現在の分裂であろう。そのような現在は個人的時間の時間的認識が裸で知る瞬間であろう。宇宙の感知、生と死など時間の誕生、その時間は意味を持つ。

◇**時間について**

　己の時間が始まる。それが誕生である。時間が己化する。それが成長である。己の時間を持つ。それが個の確立である。時間には実と虚がある。己にも実と虚がある。

　己と時間が実であれば意識となり、それが生である。己と時間が虚であれば無意識となり、それは死に繋がろう。

　それぞれがそれぞれの時間を持つ。それぞれがそれぞれの時間を使う。それぞれがそれぞれの時間を交換し、それぞれがそれぞれの時間として使う。時間は増加しないが、生まれ、開け、飛び、作用する。時間は量ではなく、質である。時間は過去にも未来にもなく、原質であり、現在である。過去そして未来は時間の外延、周辺である。このことは過去、未来から時間は拘束、包囲される。時間はその次元を超える個性を持つ。それぞれがそれぞれの時間を持つ。

63. 統計と直感　2002.3.28

　統計の基本は母集団があることである。直感の基本は母集団がないことである。統計と直感は対極をなす行為のように思える。科学は統計が基本か、直感が基本か。人生は統計が支えているのか、直感が支えるのか。

　母集団は意図的に集められたものか、それとも無作為に集められたのか。完全に無作為に集めることはできない。集める対象を限定しなければ集めることができないからである。集める対象を限定することで既に意図が入る。それをしたくないなら、自然に生きるしかない。

　母集団からデータを得る手法は人の意識に関する場合はアンケートといわれる。母集団からデータを得る手法は人の意識に関する以外は実験といわれる。アンケートはその設問に故意性を排除しきれるのだろうか。実験においてもそこに故意性が隠されていないだろうか。

　逆に故意性・作為性を強めることは統計を取る行為から離れる。直感は個の判断である。すなわちそれは唯一故意性・作為性のみからなる行為であろう。

64. 今日という日　2002.8.16

◇影絵の誘い

　光がスクリーンを照らす。光の中に物を置くとスクリーンに像が映る。それが影絵である。

　日ごろ私たちは目の網膜に映る外を頼りに生活をしている。網膜に映る外界は、スクリーンの上の影絵である。視覚によって像が認識されるが、網膜に映った像がそのままに認識されてはいないようだ。私たちが認識する像は、網膜に到達した光の情報と、五感と知覚との総合作品として完成する。影絵を見る時、目はスクリーンに焦点を合わせる。したがって、網膜にはスクリーンの影絵が映され、光の中で影が形を持つ。

　影は光に対し境をもつ。その先は明るく光る。私は影に内面を感じ、影の境は光り・明るい外界へと動き・働き、広がることが意識できる。ある影絵師がTVで「影絵では光が多様です。光が生きることに絡まります」と語った。光と明るさとに生きている実感が湧く。内面にある静いの光を消して、外の明るさを感じてはと、影絵は誘う。

65. 知性の総体　2002.8.19

　人には知性がある。人は知性を自覚できる。自覚し得た知性は次のような内容をもつ。物質界、生物界、人間界において顕著となる特性として、法則（物理学的）、シグナル的プログラム、シンボル的プログラムがそれぞれにある。

◇補足

1．知性は人にあるのであって、人を離れて知性はない。
2．人とは私であり、あなたである。また、あなたであり、私でもある。この相対する私である。
3．知性の始まりと展開は次のようか。捕食における自（同一種）他（他種）の選別が知的認識の始まりだろう。さらに喜怒哀楽に気付く、そのことで他との関係が生じる。その関係を弱め強めする効果的な働き・方法のあることを知る。

4．すなわち知の認識対象は、人間→生物→物質と進んだのかもしれない。

5．アニミズム・トーテム（自然採食）→飼育（農耕・牧畜）→物質利用（鉱工業）

6．価値観の多元化。物の交換・流通、お金、利潤・市場、経済社会。正義の正当性；正・悪、規律、法治社会。原理性；超人、信仰・法則、宗教・科学社会

7．物理的法則；原因、結果の画一的因果律、
　シグナル的プログラム；生物における遺伝子・人による言語、
　シンボル的プログラム；価値観、文化意識、正義、道徳、
　それらの関係は、
　物理的法則→シグナル的プログラム→シンボル的プログラム
　→は階層的関係を表し、左は右の部分要素だが、右は左からは解かれない。
　知性としての時間的進行は左から右に認識されたと思われるが、知性の構造的階層としての認識整備は右から左に進化した。

8．かかる知性は人個人が関与する働きである。

9．個人的な働きに、社会にとってという規範が加わる。知的外的（社会的）構造化をIT革命が早急に機能し得るかが問題となる。

10．個人的知性の社会化が進めば、人は新たな階層に入る。知性の外在化が特異的に進む。その時、個人的な知性が社会的基盤に直接連なっているか、それとも個人的知性が社会的基盤から乖離してしまうのかによって、世界は大きく変わろう。

11．前者ならば新たに進化する人と共存する世界が構築される可能性はあろうが、後者では人は萎縮しているか、滅亡していよう。

66. 微風　2004.5.18

街中のある小さなレストランでそよ風が座った横の出窓から吹いてきた。開けられた出窓から、さわやかに晴れた5月の昼、そよ風が入ってきたのだ。なつかしいどこかで受けた風だと感じた。そうだ銭湯で風呂

上がりに開け放した窓から来た風だ。中庭があり、戸が開いていた。小さな縁側があり、風呂から上がってその中庭に向けて立ち、薄暗く植物のある中庭から来るひんやりした夜気を、火照った体で受けた風だ。あの風だ。出窓から再び来た微風を意識して感じた。

67. 生と死について　　2004.10.4

　台風21号は9月29〜30日にかけて日本を襲い、愛媛県、三重県に大雨による土砂崩れなどで死者25名行方不明2名（10月3日現在）の被害をもたらした。今年は台風の上陸も多く、被害が多く発生している。紀伊半島南東沖の地震（2004年9月5日19時7分及び23時57分に、紀伊半島南東沖で気象庁マグニチュード6.9及び7.4の地震が相次いで発生した。さらに9月7日8時29分には気象庁マグニチュード6.4の最大余震が発生した。震源位置は1944年東南海地震〈M7.9〉の震源域周辺の南海トラフ沿いであった。F-net のメカニズム解析では、深さ10km前後で逆断層型の解が得られているが、低角ではないことから、プレート境界型ではなくフィリピン海プレート内部で発生した地震であると考えられる。Hi-net ルーチン処理で求められた深さはいずれも20km前後であり、観測網から離れた海域における震源決定精度を考慮するとF-net の解析結果とはそれほど矛盾しない）、浅間山の噴火（群馬・長野県境の浅間山〈2568メートル〉で21年ぶりの中規模な噴火が起きてから、1日で1カ月を迎えた。最初の噴火後も、中規模噴火が2度あったほか、小さな噴火が無数に繰り返されており、同山では依然として活発な活動が続いている。気象庁では「大規模な火山活動に結びつく兆候はないが、中規模噴火を重ねる恐れがあり、今後の活動を見守る必要がある」と警戒を緩めていない。噴火はいつまで続くのか──。専門家の間では「少なくとも数カ月は続く」との見方が多い。今回と似たケースとして挙げられるのは、1973年の噴火。1〜2週間おきに中・小規模の噴火を繰り返し、4カ月近く続いた。ごく小規模な火砕流も何度か発生した。鎌田浩毅・京都大教授は「噴石の質や飛散した範囲、噴火の仕組みなどはほぼ同じ」と分析し、今回も似た経過をたどるとみている。中

田節也・東京大地震研究所教授も「火山ガスが内部にたまっては爆発するタイプの噴火がしばらく繰り返される」と予測する。ただ、溶岩流や火砕流の発生については意見が分かれる。気象庁などは、9月1日以降、地下からマグマが供給されて火口がかなり底上げされているとみている。このため、火口が満杯になれば、マグマがあふれて数キロほど流れる可能性があるとみる火山学者も。一方で中田教授は、「噴火時にマグマは火山灰などとして放出されており、火口底の深さは変わっていない」と、こうした見方に疑問を投げかける。判断の決め手となるのは、ヘリを使った火口内部の観測。関係機関によるねばり強い観測が今後も不可欠だ〈『読売新聞』10月1日12時55分更新〉とあった）もあった。

　台風、地震、火山噴火など天災による被害、自動車事故などの事故死、公害などの人為的災害、また自殺、病気、老衰など死の原因はさまざまにある。生まれること、誕生の原因はどうであろうか。誕生は母親からであり、多くの場合結婚の形式をとる。死も多くの場合、病院での死亡となるのだろうか。死の場合、先のほかにも戦争、飢餓などによる多数の死者が世界的には連日ニュースで報じられている。

　生と死について考えさせられる。誕生の単純性、死の多様性をどう捉えるか。生は生物のレベル、死は人間の行為・意識が強くかかわっている。

68. 無から有を生もうとする思考　2005.5.20

　確かな存在をつかもうとする意識。個からの敷衍について。哲学思考から分化した諸科学は環境思考へと収斂しなければならない。地球環境は様々な問題が発生している。国際環境は危険な様相が露見している。そして社会環境が個人にとって好ましいとは言い難い。諸科学はそれら問題の解決へと向かっているわけではない。それら科学を束ねる思考を意識的に発動する必要がある。環境思考への収斂である。

69. 現在が存在　2005.9.6

　現在が存在します。過去はどうでしょうか。過去は現在でありませ

ん。したがって過去は現在として存在しないのです。ですが、現在を通じて存在できます。現在を通じることによって存在は変容します。過去の存在ではなく、あくまでも現在における存在となるのです。このことは現在が過去を存在化するのです。現在に過去の存在は依存するのです。現在があり続けることで過去は存在しないともいえます。未来は存在しません。存在しないことを未来といいます。未来は現在が存在することの保証でして、未来は現在が存在する場なのです。すなわち、現在をしっかりと意識することで、過去が生き、現在の存在を確認することで未来は間接的に存在し、また意識できるのです。

70. 存在とあり方　2005.9.6

物質として在り　誕生により時間が生まれ　我という場にいて　今という環境がある　それぞれにあり　おのおのが生き　さまざまな立場があって　現在がある　ならばみな　それぞれとして　おたがいが　明日を迎える

71. 哲学と環境学　2006.3.27

一つの学問にはその学問の基本となる領域とその学問を広げて応用しようとする領域があろう。基本となる領域は哲学につらなることが意識できる。それは人間自身のあり方にかかわることであり、人間学がその実態となると考えられる。一方、学問を広げ応用しようとする領域には環境問題があろう。それは自然との関係に敷衍するものであり、その実態は環境学であろう。私たち人間は自然とどのように学問体系として折り合いをつけるか、また自然をどのように扱うかなど、自然と人との関係にかかわる問題を、その学問の応用問題として扱いたいのである。

さて個別となる諸学が収斂し融合することによって、基本は哲学が、応用は環境学が強く意識できることについて考察したい。

光がレンズによって焦点に収斂することで、諸学の根本は収斂して哲学にいたる様が連想できる。また光が混色し無色となることから、諸学の自然へのかかわりが融合しその問題を無にいたらしめる状態が意識で

きる。

　無は素人の無心に通じ、点は専門家が求める先にある。人は無と点である。

　人と時間については哲学者となり、場と空間については環境学者となる。

　生命と宇宙、気と素粒子、また生と死がそれぞれ対応していよう。

　意識がどこかにあり、また意識がどこかに漂着することで、その意識のあり方また着地点から関心事が広がりある意識世界が作られる。その広がりが1つの学問であったり学問体系となったりする場合があろう。それぞれの学問およびその学問体系はそれぞれ固有であり個別のものであろうが、それらの間で共通するまた同根となる基本として、生と死と遊び、生命と宇宙と地球、気と素粒子と実体などが意識できよう。

　◇官、公、民；国、地域、個人；国際、国連
　本来の共生関係にはすでにそこに生命の歴史がある。
　人がかかわる場合その歴史は浅い。
　問題を認識し、原因・要因を知り、問題解決にむけての対応・対処をする……解消する、回避する、止める。
　問題の解消；科学的な対応……e.g. 地球温暖化問題、原因が炭酸ガス、空気中の炭酸ガス濃度を減少させる技術を考案する。
　問題の回避；社会的な対応……e.g. 地球温暖化問題、原因が炭酸ガス、炭酸ガスを出さないで済むシステムを考える。
　問題の消滅；個人的な対応……e.g. 地球温暖化問題、原因が炭酸ガス、炭酸ガスを出さない暮らしを考える。
　解決の方向・仕方……時間、規模、経費、規制。
　環境問題の解決は専門的な技術・科学的な取り組みによって得られるとの期待も大きい。しかし当事者（国際、国、地方、企業、個人、および社会）が実際に採択する行為は、専門的・技術的な判断とはかけ離れた判断基準によることは極普通である。それは暮らしと生活の基本とな

る文化であったり、習慣であったり、好き嫌いであったりである。その結果問題解決に向かう道は新たな模索が必要となる。環境問題とその解決は決してある専門的な技術的な提示によってことが済むわけではない。解決策の提起が新たな問題をはらみ、極端な場合、問題解決への行為は新たな問題発生の要因ともなりえて、右往左往する行為が常に繰り返される。

　人とは何かを辿り続けることが哲学であるとすれば、環境学とは人はどう処すべきかを探り続けることとなろう。

◇選択と多様性

　ある個人の一生の活動について他人に聞けば、寿命としての生存期間が言われ、また経歴が示されよう。本人に聞けば満ちているか、これからか、などあろう。太く短く生きるとか、細く長く生きるという表現がある。活動領域と活動時間と捉えればその積はある個人の一生における活動量を表現していて、同じ活動量でも生き方の違いを表現している。一般的にはどちらが良いという価値判断は含まずに、生き方を例示しているのだろう。環境学においてはそこに価値判断を持ち込む必然があるのだろうか。一つの吟味課題である。

　循環型社会、ゼロエミッションを目指す社会と個人の生活とのかかわりは環境学にとって大切な課題である。規制と監督、行政と司法と立法、機器の役割について、人の生活基盤について、社会のあり方について、冷蔵庫・テレビ・自動車の使用期間について、価格と効率、個人レベルと社会レベル、就職、雇用について、官、公、民について、など環境学が扱う領域は広く深く身近である。

◇事象の進化

　地球の事象は地球の歴史を紐解くとおおよそ次のように変わる。

　混沌の時代から海と陸が整い、やがて細胞をもつ生物が出現分化し海に陸に広がる。ヒトが現れ、特異な文化と社会を作り、異事象が現れる。

　それらの事象はいずれも自然の出来事である。逆にいえば自然とは地球での事象である。ヒトは己を見つけ、他を見ずに、己のみを意識した。己に殻を作り、その中に生きようとした。ヒトは自然と対峙し、自然から隔絶できる殻を探し続けた。だが殻で完全に覆うことはできなかった。そして殻が他に異様に働きだしていることを強く感じてきた。

　漠然と山を見、川に接し、花を愛で、ペットと戯れるときに殻はない。山が荒れ、川が汚れ、森が立ち枯れ、油まみれの海鳥が多く漂着するとき殻の外の異様さを感じるのである。環境学はそのような殻について考察をする。

　ここでは河川についてみよう。

　清水に純真を、清流に浄化を感じる。汚れに不純を、澱みに堕落を意識する。河川が前者から後者に変われば、水の環境が変わったことであり、生き物に影響をいやおうなく与える。ヒトとて同じである。ヒトは水環境を制御・利用・管理する対象とみなしている。

　河川の水の供給は降水による。その制御・利用・管理には至っていない。

　河川水の水質は地勢と関係する。またヒトの活動と関係する。その制御・利用・管理は対象として行うことと己自身が制御・利用・管理をされることのはらみが交差する。

　河川は一連する自然現象の要として存在する。生き物にとって暮らし場の区切り・まとまりの一要素となる。ヒトの社会においても文化・行政・暮らしの区切り・まとまりの大切な要素となっている。

　水が流れるところに河川の本質があり、必然的に河川に上流と下流の差異が生まれる。

　河川が河川であり続けるとき差異は循環に支えられる。水質の差異は水中に他物質が存在するか否かとその量関係が、さらにそのような水の性質変化を意味する。水温は後者であり、硬度は前者の性質である。ダムが抱える水温の問題、灌漑・地熱発電が抱える硬度の問題などがある。

　河川の水質にみられる上流と下流の関係について具体的に考察する。

上流と下流での河川の水質について、その質が変化する様子は、河川水の流下に伴う他成分の濃度変化から次のようにパターン化して整理できる。河川水Ａ、Ｂ、Ｃをそれぞれ上流、中流、下流での河川水とすると、河川水Ａ、Ｃ間にはある成分濃度がＡの濃度＜Ｃの濃度、Ａの濃度＝Ｃの濃度、Ａの濃度＞Ｃの濃度の３つの場合が存在する。それぞれに対しＢがＡ濃度とＣ濃度の間にあるか等しいか、Ａ濃度およびＢ濃度のいずれよりも大きいか、いずれよりも小さいかの３つの場合がさらに考えられる。

　このように整理すると河川水が上流より流下する間に河川水の水質は少なくとも９つの関係にまとめられ、かつそれぞれがそれぞれに環境学にかかわる意味をもつと指摘できる。

72. 脳は臓器　2007.1.9

　脳を臓器と表現される（『脳の中の人生』2005、茂木健一郎、中公新書ラクレ）と妙に新しさを感じた。脳が胃や腸、また肝臓、腎臓とともに体の部分として収まっている。人について考えるとき物質と精神の分離が弱まって感じられる。人が生きることについて活動と意味が分離せずに理解できそうだ。胃や腸には物質的科学的な活動が強く意識でき、脳は精神思考のありどころで意味を生むところと意識する。だが脳が臓器といわれると、脳が胃腸と相補して私は生き思考していると強く意識できる。人は社会を形成し、人と動植物は自然にある。環境は人にとっての自然であるが、自然は動植物にとっての環境である。

73. 顔の油は老廃物か？　2007.1.12

　手がかさかさする。手の表面を滑らかにするには顔の油を手に移せばよい。本人の油だから体に最もなじむと思う。このことについて考えてしまった。だが外に出たものと外に出たことで新たに外との関係ができる。前者は体内で要らなくなったもの、もっといえば体内で害となったものかもしれない。後者でいうなら外気との接触で体に有害となる物質に変わったかもしれない。また外部からの有害物質を取り込んだかもし

れない。だから外出したら顔を洗えというのだろう。そのように考える
うちに、すでに手で顔を拭き、手もみをしていた。手は光り、かさかさ
感はなくなっている。これでよいのだろうと思った。

74. 日本一の湖について　2007.5.23

『朝日新聞』の2007年5月8日夕刊5面に"日本一の湖に魅せられる"
という記事があった。『朝日新聞』がアンケート調査し、回答総数2万
88人が選んだ1位は摩周湖で、面積1位の琵琶湖を上回ったと書かれ
ていた。10位までの湖と回答者数が挙げられていた。

　日本のおもな湖沼を『2006年度理科年表』で調べると面積順に72位
まで示されていた。

　そこで『朝日新聞』にあった人気度順位と『理科年表』での面積の大
きさ順位とをグラフ化して以下に示した。

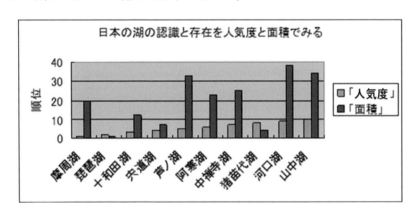

　人気度順位と面積順位に相関は特にないようだ。人の関心は1つの事
項のみによって決して決まらないことの証しである。

　人気度10位の山中湖には2000年6月に訪れたが、そのときのことを
再録する。山中湖では、だいだい色のチョッキ風の救命着を付けて、
ボート上に装置した椅子に座って釣りをする。正午近くの桟橋で、ボー
トから降りた釣り人が、重そうな大きなビニール袋を大事そうに持っ
て、大急ぎに来るのに出くわした。透明な袋の中に40 cmは超えよう

か、大きなブラックバスが2匹、水の中に黒色の模様をもって渋く黄金光りして堂々としているのが見えた。この釣りはスポーツだなと感じた。ブラックバスとわかさぎ（公魚）がこの湖で釣れるようだ。地元の人に聞くと、かつて公魚は冬に厚く張った氷に穴を開けて釣っていたのだが、ここ十数年ほどは湖に氷が張らず、そのような釣りはできないでいるという。「冬の楽しみが減りました」と残念そうにその人は言った。公魚釣りは「楽しみ」という言葉がとても似合うと私は思った。と同時に氷の張らない湖に地球温暖化という言葉と活火山の富士山がダブるように頭を過った。翌日の早朝に山中湖の南西岸の重良渕にある宿から出て、私は近くの桟橋から湖水を掬った。桟橋には気持ち良き風が吹き、湖面はさざなみ立っていた。振り返ると富士山が青く晴れた空に大きく白くあった。

75. 絶対評価と相対評価　2008.2.27

　大学のある会議で学生の成績評価について絶対評価なのか相対評価なのかが言及されたことがある。能力別に分けたクラス編制で上級クラスの成績評価とそうでないクラスの成績評価で上級クラスより高い評価が与えられえるかどうかである。もちろん編制はある評価を基にされるので編制時点での上級クラスの成績評価は他のクラスより高い。しかし1年なり経過した時点での成績はそれぞれのクラスの中に判断材料があり、上級クラスと他のクラスとを正当に一元化して評価することは難しくなる。一元化して評価することが絶対評価なのか相対評価なのか、あるいはどちらでもない新たな評価基準となるのだろうか。

　関連して思い広げたことは家族と社会、地域と国家、国家と国際についての関係である。家庭、社会、地域、国家、国際とそれぞれにそれぞれのうちに価値基準、評価基準が存在するということである。個人と家族では、個人があり家族がある。家族は個人をそのままに評価し、個人間の絶対的な優劣を求めず、お互いにそれぞれの個性をもつとして家庭は豊かとなる。社会は構成する各家庭がそれぞれに豊かとなることを目指すのである。さまざまな社会が展開している地域はそれぞれの社会を

育み活かしながら国を支える地域を意識している。国々はお互いに有機的な関係を築き上げながら地球上で国際社会の一員であることの自覚が欠かせなくなっている。すなわち、そのように成績評価は、それぞれの中にあり外には広がらないものであって、絶対はないし、相対をしてはいけないものであろう。

76. 存在と暮らし　2009.11.16

　私は顔に手をあてると頭蓋骨を強く感じた。自分の物質的存在が骨にあると意識した。今思考している脳がこの頭蓋骨の内にあると思った。感じている存在と、確認している思考が同時にある。

　10階の研究室からは晩秋のうすく晴れた空間に遠くまでビルと民家がみえる。この光の下に人々の生活がある。その生活がこの空間で成り立つことが課題である。そのことが人々の行き着く先である。太陽エネルギーは全ての基本であり、ありがたいことであり、生活はその基で成り立たせるのだと強く意識する。

　大学の教育について教育改革責任者は言う。「国際基準を満たす内容の教育を厳格に時間を満たして実施する」その基準と時間は、この晩秋の光ある空間を、満ち溢れる意識を持って暮らすことに、どれほど繋がるか。

77. 全てが空しくなってくる　2010.1.24

　何故であろうか。

　クーンが指摘したパラダイムから脱け出すことを意識した。科学のパラダイムが意識されてならないのだ。もやもやした気分を脱け出すことに科学は威力があると感じた。だがその先の希望が浅いように思えるようになった。近頃疑問が増すようだ。

78. 霧が晴れたら　2010.4.6

　　霧が晴れたら山があった
　　こぶしの花咲く山だった

気持ちが良いこの景色
　　いつも山はあるのだが
　　霧は久しぶりだなー

　　霧が晴れたら川があった
　　小船の浮かぶ川だった
　　気持ちがよいこの眺め
　　いつも川はあるのだが
　　霧は久しぶりだなー

　　霧が晴れたら家があった
　　瓦の黒い家だった
　　気持ちがよいこの辺り
　　いつから家はあるのかな
　　霧は久しぶりだなー

79. 絶対評価と相対評価　その2　2010.6.6

　大学で学生の成績評価は絶対評価によって行うのかそれとも相対評価によって行った方がよいのかといった議論はしばしばあった。当然絶対評価であると言い切ってしまう人もいれば、相対評価でしか見ることができないと言う人もいる。試験を行う場合、その問題に授業内容が完全に反映されていてその解答結果が成績評価となる場合は絶対評価といえるだろう。教師では教える内容、学生からは学ぶ内容が明確に定まっており、その内容がどれだけ理解されたか、あるいは理解したかに基づいた評価が絶対評価であろう。相対評価は教育した内容に関する直接の評価ではなく、学生間の理解度の分布を基にして学生間の相対的な位置によっての評価である。成績の場合出席点を加味する場合がある。理解しようとする努力や、学ぶ場に居合わせたことで受ける効果を評価することで、ある内容を学び理解したかどうかの評価ではなく、相対評価と関係するだろう。ところで絶対とはあるのであろうか。死んだ人は絶対に

生き返らない。この場合でも脳死判定と臓器移植において、脳死をもって死としたとしても、脳死と判定された人の臓器が他の人の中で生きていると考えられる。算数で１＋１＝２は絶対に成立するのか。計算機で計算するとき四捨五入の設定によっては３となる。また実世界の１リットルなり１個なりの数量に移すと１＋１＝２の成立が怪しくなる。水１リットルにアルコール１リットルを足すと厳密には２リットルにはならない。絶対正しいということはあるだろうか。ある前提、ある条件などある枠組みのなかで見たときに正しいというだけではないだろうか。正しいとされる対象自体がある枠組みがあってはじめて成立していることがらであろう。絶対評価においても評価される対象はある枠組みのなかにある。授業についても教える内容、教え方、受け手の能力、状態、さらには教室の環境状態などさまざまな要因から成り立っていることが考えられる。評価の元となる試験結果にもそれらの要因が関係しているのであって、理解度を試験結果だけで判断するのは無理がある。作成した試験問題自体が果たしてどれほど適切に理解度を読み取りえるものか常に自問していたものだ。

80. 思い出すことＡ　　2010.9.3

　過去のことをふと思い出すことがある。その思い出したことは思い出す毎に変質を受けていないだろうか。記憶が部分的に消失したり、思い出した折に新たな脚色が加えられ再記憶されたりしてないだろうか。脳に記録されたその時の内容が時間の経過によって変質し、また記録を引き出した時の状況に応じたフィルターを受けて今に則して蘇るのではないだろうか。思い出す事柄は風景、会話、行為、雰囲気、気持ちなどがある。その時に感じた。感動なり、懺悔なり、喜びなりも同時に蘇ることもある。思い出に対し懐かしく思うことも、励みとすることも、教訓にすることもある。ふと思い出すことは未分化のままに現れるのだろうが、意識して引き出し思い出すこともできる。学問として学び、記憶した知識はそのようにして引き出されるものだろう。意識して蘇る記憶は構造化され記憶され、思い出として手繰り寄せられる。思い出した記憶

を分類整理しようとしたり、融合統合しようとしたりする。

　犬を散歩させる道順、講義時間の授業内容、進行中の研究論文の執筆、昼食はどうしようか、などなど計画的な行動はそのような構造化した思い出である。思い出を構造化して、内在化し固定しようとしたり、文章化してパソコンや紙上に表したり、あるいは財布にお金という現物を置いたりする。これらは融合統合する場合だ。分類整理する場合は教育と研究について教材や測定記録したデータを基に思い出す事項を合わせながら分類整理するのである。

　思い出すことと想像することはどう違うのだろうか。想像は記憶されないのではないか。思い出は記憶されている。記憶されていることが蘇るのが思い出であり、その思い出が今というフィルターで処理されている状態の１つが想像であり、創造であり、妄想であり、学習であり、思考であり、瞑想であろう。思い出すことが言葉、意味、感覚に関係している場合があろう。言葉には単語と文章、会話などがある。記号やアルゴリズムなどもある。意味には場、雰囲気、感情などがある。感覚には五感に関係するもので、映像や風景、音、匂い、温暖硬軟、味覚などがあろう。現在は事実であり、現在から離れると事実は思い出になる。事実の認識が思い出の基本となる。事実にしっかりと対応することから思い出が生まれるのだ。思い出が生まれるには現在をしっかりと生きることである。しっかり生きるとは苦痛が多いことでもあろう。

81. 世のあり方を思う　2010.9.5

　窓越しに見ていたゴジラの形をした入道雲がいつのまにかその姿を消していた。

　木々の動きは殆ど無いが、時折涼しい微風が流れる。夏から秋を感じる落ち着いた平穏な心身が解放されている。

　かつて読んだ人類学者が書いた本のなかに、ボルネオの河川の下流に首狩り族が暮らし、その上流に首を狩られる人がいる。それらのヒトの表情は上流の人は穏やかで明るいが、下流の人は緊張した暗い表情だと写真を添えて述べられていた。

　昨日ラジオで「介護保険者のしめる割合とその増加について東京は他の地域に比べ低くまだ余裕があるようにいう人がいるが、実人数をみるとその大きさに愕然とする」というような話がされ、さらに「日本では若者にお金が無く高齢者にお金がある。若者は消費するが高齢者は消費せず、やがて遺産を次の世代が相続する。その次の世代は若者ではなく60代となり消費する世代を超えている。お金が高齢者の中で循環してしまい、消費に向かう生きたお金となっていない。高齢者のお金は国外に投資されその利潤をうけとっていて、日本の経済は沈滞化している」と話していた。

　有ることと無いことを思う。

　より良くあるように行動する指針に進歩発展があろう。経済成長もその流れに沿うものである。需要と供給の拡大が経済成長の要であれば若者の消費は大きな役割を担う。若者の数と消費する強さが生きてくる。強さには量と質と幅がある。お米の消費についてみれば一人が何杯食べるのか、単価の高いコシヒカリを食べるのか、香り米、すし飯、ピラフ米などの多様性に志向が向かうことなどである。

　無いこととは有ることを超えることであり、また有ることを生み出す元である。有ること自体が多くの問題を派生し、また有ること自体に意義が見出せない世である。このような時、無を知ることで、有ることを新鮮に意識でき、また有ることに新たな意義が生まれよう。

　無いとは元を知ることに通ずる。元は上流にある。そこには穏やかで明るい表情がある。生きることの素直な喜びを意識できる。それは量でも質でもない。量と質を収めた元である。その元に、有ることを量と質、そして数から推し量ることの限界から抜け出せる、世のあり方が意識できる。

　シャワーを浴びた。今夜は微風だにない。世の流れは留まっていないだろうが。

82. 中心と周縁　2010.9.7

　トマトは脇芽を掻くと、花を咲かせ結実しながら背を高くした。支え

棒を越えてさらに成長し、自身を支えきれずに上部で幹が折れ曲がった。果実は下から熟れて赤くなっていったが、あるとき赤い実が未熟の緑色の実の上側に有るのを見て驚き不思議に思った。

　よく見ると折れ曲がった先からは幹が下を向き、下に向かうほど若い実となっていることが分かった。要するにトマトは幹の下部から順に実が付き、順に熟して実は赤くなっているが、途中で折れ曲がるという現象があると、その先は地に近い方が先端となり実が下方に向かい赤く熟していたのだ。

　トマトは幹の下部から順に熟れていき、熟れると赤くなる。このことに対し幹が折れ曲がることは付加的事象である。一本のトマトにこの付加的事象が起こることで、幹の下から赤くなるという思考の中心がはぐらかされたのである。思考の中心は付加的事象となる周縁からの作用でずらされるのである。

　折れ曲がるという現象は折れ曲がるものが有って起こる現象である。すなわち幹があって初めて折れ曲がることが可能となる。しかし幹が上下を持つ真っ直ぐな棒状形態は曲がるという現象の特殊な場合と考えられる。折れ曲がるという折れは真っ直ぐとともに形態表現の一つである。

　さて、曲がるということを中心に据えてみると、果実が下から上に順に熟し赤くなることは一般ではない。曲がることによって根元に近いところから順に赤くなるという事象は、必ずしも地面に近いか遠いかという上下の位置関係とはならず、下から赤くなることには繋がらない。地面に這うカボチャの実は下から上に色づくとは言い難い。

　幹が曲がり普通に地面からの上下関係を持たずに実が赤く色づくならば、棒に支えられたトマトの幹に下から順に実が赤くなることに驚き感心したと思われる。

　すなわちある事象を認識した中心的な事柄に対して異にする事柄、周縁の事象に接するとその事象に驚いたり感心したりする。そして中心とした事柄を周縁から再認識し、中心と周縁の関係が把握できれば、より納得し、より豊かになった自分が感じられるのではないだろうか。

83. 社会の制度　2010.9.30

　幼児の頃は親が、学生時代は学校が、そして社会人の時は所属団体が
その人にとって大切な直接的なかかわりをもつ社会となっている。

　家族は社会を構成していることは確かだと思うが、家族を同一戸籍に
記載されている人によって構成されているとすると、最近の養子縁組の
問題は考えさせられる。

　昨日のNHKスペシャル（17:30）の番組で、最近借金を逃れたり、
名前を知られたくない理由から赤の他人との養子縁組がインターネット
を介して金銭的に行う事例が増えていることが伝えられた。養子縁組の
書類が提出されれば役所は形式が整っていれば自動的に受け付けること
となるようでチェックが働かないようだ。引っ越しをして住所が変わる
ように名前も変えるというようなことを1人の当事者は言っていた。

　100歳以上の老人が実際に家族の構成員としていないのも問題が有
る。家族からの届出が無いとたとえ亡くなっていても戸籍から消えない
という。江戸時代生まれの人も生きていることになっていたようだ。老
齢年金の不正受領が絡んでいた場合もあって、実際に担当者による面接
を進めたところ各都道府県において多数あることが明らかになった。

　このこととも関係するのが孤独死の問題である。1人での生活は極普
通のことである。1人は社会とどのようなかかわりがあるかである。

　明治維新により国家が成立し、戸籍が作られ、税金を徴収する制度が
できた。その際にすぐには編入されなかった民がいたようだ。いわゆる
「サンガ」なる民が語られる社会の空白がある。

　当然だが、もともと制度、組織があって人は生きるのではなく、人が
生きる中で制度、組織が作られ選択されてきた。今日人は様々なことで
脱生物、脱生命化し始めている。その先にはどのような制度、組織が生
まれ、あるいは選択するかが問題となろう。

　脳死判定、臓器移植、万能細胞、グローバル化、難民問題、高齢化社
会、環境問題、資源問題など多様なことが絡み合っていよう。円高問題
の行く末に開ける社会がいかに明るく登場できるかが身近なかかわりと
してあると思えてならない。この場合の身近なとは家族ではなく日本と

いう国家における選択である。

84. 生と死A　2010.10.13

　チリのサンホセ鉱山地下700ｍに33人が閉じ込められ2カ月ほど掛けて掘り進められた径70cmほどの穴をあがってきたカプセルから一人目の救出者が現れる瞬間が昼の時間にテレビ中継された。鉱山での落盤事故が発生したときは生存の見込みは1％とみなされたが、地下の休憩室に向けてボーリングしたドリル先に生存しているとのメモが地下から伝わったのは事故から17日後のことであった。33人全員が生存していることが分かり、チリ大統領は救出用の穴を掘り救出することを発表しそれは12月のクリスマスごろとなろうとも言った。その一人目の救出が10月13日となったのだ。

　奇跡的な救出となった。カプセルの一往復に1時間がかかるようだ。

　今日は穏やかな日であり、カメムシの移動日である。ベランダに干した布団に20匹ほどのカメムシが群がっていた。ベランダに出たときそのうちの1匹を踏んでしまった。

　金子みすゞの詩に「浜では大漁の大賑わい、海では鰮の悲しいお弔い」というような内容のものがあった。

　様々な生と死、そして死と生がある。生きるとはその狭間にある。生物とは生きることから成り立ち、自然はその母体である。

　人は自然に生きている生物である。生と死、そして死と生を素直に感じたい。チリでの地下からの生還を素直に感じた。またカメムシの移動は危険と隣りあわせだと感じた。

　2カ月が経ち大分伸びた髭を扱き、2階の窓越しに夕にはまだ間がある林を見ながら、この生がやがて訪れる死を自然と素直に思えればと思った。

85. 夢で　2010.10.14

　受付のような窓口に向かうベルトコンベアに乗る夢を見た。ベルトコンベアは異なる窓口に向かって軌道が分かれる。目的に向かってそれぞ

れに乗り移っていくのである。乗り間違えると大変だと思った。その辺りから夢を見ていたのだと目覚めかかった。どうも昨日テレビ中継されたチリの鉱山事故の救出のことが潜在意識として作用したのかとも思った。ベルトコンベアは地下にあるようなのだ。地下街、地下鉄が思われた。地下の生活空間が何らかの事故や災害で塞がれたら大変だと危険が意識された。どのような対策なり対応が検討されているかと急に心配になった。大手町や新宿で地下鉄を乗り継ぐときの複雑さや、地下道の長さが思われた。

　過度な人造空間の危なさが夢の中で強く意識された。チリの事故で救出された人たちの心のケアの必要なことが強く指摘された。初めに訪れる心の高ぶりとその後の恐怖心、トラウマに対応しなければならないという。

　現在の社会や世界は人造物や人造空間そして実在から離れた情報、マネー、などでやや興奮気味ではないだろうか。反動としてのトラウマ的な拒否反応がまた意識できるようでもある。心配される大きな事故が起これば、現代の心のケアは社会のケアにそして世界への警鐘へと繋がるだろう。

　夢を思い出し、夢でおさまっていればよいのだがと思っている。

86. 時間について　2010.10.14

　東京と名古屋をリニアモーターの列車が40分ほどで結ぶという新幹線構想がほぼ固まったようだ。南アルプスの地下にトンネルを掘るという直線ルートが選択され、2027年に開通が予定されるようだ。東京と名古屋間の移動が大幅に短縮されることになる。

　ある行為の時間的短縮はそのことで生まれた時間はなにを生み出すのだろうか。1つには新たな行為が行えることになる。時間が半分に短縮されれば同じ行為が2度行え、東京から名古屋への片道移動が往復移動となる。一方列車の中で本を読むときこれまで読めた分量の半分の内に名古屋に着き東京に戻るときに半分を読むこととなり、この場合の時間の短縮は本の読む量に特に影響を与えないだろう。

時間が付随する事項から時間だけを抽出することは困難であり、無理に抽出を行うと事項が歪み変質してしまうこととなろう。その時間から離れたことならば、すなわちその新幹線に乗らないならば特に時間の流れに変わりは無いだろう。だが物質と空間に対する物質移動の影響は生じよう。時間と空間が強く結びつくとき時間の短縮は空間を狭める。意識の無への広がりを損ねる心配が生じるだろう。身近な豊かさが身近な窮屈に変わることのないように気をつけねばならない。

87. 時間のループ　2010.10.26

「光陰矢の如し」、「流れに棹さす」、「夏草や兵どもが夢の跡」、「盛者必衰之理顕」などは、時間とその経過について語っている。ある時を定め見るとその前後の時が思われる。きっと時は充満しておりしかも時は生まれまた消えているのだろう。

　ある空間にあるものことに時が生まれる。その空間とものことは時間を含む。時間が消えると空間とものごとは時を探す。やがて時が訪れ、時を含む。そして時間が消える。空間とものごとに時間のループが意識できる。時間のループがあって空間とものごとの存在が認識される。

　時間のループが多様に存在を生む。

88. ここ数日のこと　2010.11.19

　昨日池袋まで買い物に出た。テレビ放送が来年7月から地デジに変わることからテレビの変換チューナーが必要となり、ビックカメラに行った。そこで2つのことを強く感じた。

　1つは地下鉄有楽町線で池袋に着き、駅の階段を上る感じがこれまでと違い、何故かもたつくのである。体を運んでいく意識が必要なのである。地下道でも、足を高めに上げるよう心がけた。若干フワフワし、初めての所を歩いているような気もした。周囲との関係が大分希薄になっていた。半年以上池袋東口に訪れていない、定年退職に伴い生活環境は変化した、そして加齢も関係しているなと思った。犬のジャックとは毎日1万歩以上の散歩をしているが。

　２つ目は地デジ変換チューナーの値段についてだ。インターネットで予め検索し機種と値段を予定した。ビックカメラの店員に聞くと当店で最も安い物だといった。予定価格は4370円だがビックカメラでは5530円だった。10％のポイントが付くが、それでも4977円で、607円すなわち10.9％も高いのだ。ビックカメラは低価格での販売との認識があったが、インターネットで探せば更に大分安くなるのだ。社会との関係が弱くなり始めたとの認識を強く持った。

　一昨日、YouTube で動画を検索した。YouTube の利用は初めてだった。歌手や歌の題名から目指す歌に行きつけることを知った。小学校２〜３年生の頃の一コマが『三百六十五夜』の歌にあったが本間千代子の歌であった。「365夜」としたのでなかなか行きつかなかった。バッキー白片のハワイアンはその後の懐かしのメロディーとしてある。今日も『星の流れに』を菊池章子とちあきなおみで聴き比べた。『夜のプラットホーム』二葉あき子、『夜来香』渡辺はま子など聴き続けた。また2001年9月11日のニューヨークで貿易センタービルがテロにより崩壊した映像も見て、大学で学会を開催した前日だったなと思った。

　最近の世の変化は大きく速いようだ。来年には世界経済が「２番底」に陥る可能性が高く、国際関係が緊張し、保護主義が台頭し、政治の権威が失墜する。そのあとの世界経済は操縦席に人がいない船のように漂流し始めるというのだ（竹森俊平『Voice』2010.12、p42–49）。そうなれば晴耕雨読時代が訪れるかとも思う。変わるものと変わらないもの、見定めながらしばし楽しみたい。

　今日インターネットで調べてみると、『三百六十五夜』は監督：市川崑の映画『三百六十五夜』の主題歌で作詞：西條八十、作曲：古賀政男で歌が霧島昇と松原操で1948（昭和23）年7月コロムビアレコード発売であることが分かった。小学校3年生の時として一致する。微かに男性と女性の歌であったことも思い出されたというか思い当たる。その時の歌手は本間千代子ではなかったようだ。『三百六十五夜』はその後60年代に映画とテレビドラマ化され美空ひばりが主題歌を歌っているようだ。本間千代子は69年の新東宝映画『三百六十五夜』の主題歌を歌

い、また同年のテレビドラマ『三百六十五夜』に出演している。石川さ
ゆり、多岐川舞子なども歌っているが YouTube で聴いた限りでは本間
千代子の歌がよかった。本間千代子は1945年生まれで1948年では3歳
だった。失礼した。

89. 新たな環境　2010.12.10

　今日12月10日、複数の学会に退会願をメールした。

　人は生まれてから徐々に活動が始まり、その内に活動が盛んとなり、
やがて徐々に活動は衰えてくる、と一般に言えるだろう。その様子を形
で示せば台形となる。地面を基線として台形をその長辺を基線に乗せて
置く。生まれたての私たちは地面を這い這いしながら進むが、立ち上が
り、やがて歩み、そして高みを望んで登り始める。台形の傾斜線を辿
り、やがて基線に平行な短辺に至る。自由に歩行できるようになると高
みを自由に歩きたくなる。山あり谷ありである。素晴らしい遠景に巡り
合ったり、閉ざされた藪の中に迷い込んだり、程よい疲れを癒す休息を
とったり、雷の恐怖におののきながら逃げ惑ったりである。高みの活性
の状態がしばらく続くのである。それは台形の短辺の上でのことであ
る。やがて短辺から基線に向かい傾斜線を下り始める。台形の底辺とな
る長辺に辿りつくと基線の上となる。足腰が弱り、臥すことである。こ
れを人生の台形論としたい。

　私にとっては大学への就職までが台形の上り斜面、大学就労時代が短
辺で、定年退職が下り斜面の歩み始めかなと意識できる。今回の学会退
会願はそう意識する行為である。大変気が楽となった。新しい環境が開
ける。斜面を下る変化が楽しみだ。身近な事象に楽しみが増すだろう。
習慣となっていたことを再認識する。たとえば歯を磨くことは朝、また
外出する主目的への習慣的行為の単なる1つだったことから、歯を磨く
こと自体に意味ある行為だとの新鮮さを感じられ、時間がその行為に寄
り添ってくる。

90. 作業を止めた想い　2011.1.5

　昨年の暮れに自宅の部屋の整理をした。これまでに所属していた学会の機関紙の処分をした。大学の研究室に保管していた学会機関紙は大学を定年退職するのに際して昨年2月に処分した。窯業協会誌は戦後に創刊された号からのもので一部欠けてはいたが廃棄は慙愧に堪えなかった。インターネットで創刊号からの全てが検索できるので情報としての価値はなくなってはいるが、茶色に変色したざら紙の古い号をパラパラと捲りながらものとしての存在を思ったことを思い出す。

　そして新年が明けた今日、部屋の整理を再開した。そして今、研究データの整理をしながら思った。実験を行った結果が記録紙上に測定され、束ねられたファイルだ。そのエキスはすでに論文として公表してはある。だが実験とは人為的に行っており、この記録は研究の常としてこれまでに誰も行っていないまた引き出していない事実がふくまれていると強く思った。しかし科学的実験は再度行えば結果は再現する筈だ。自然事象はその場一回の事象とされよう。とすれば自然事象の記録こそ記録の価値が高い。実験の記録はその解釈こそ重要で、記録自体は特に他者にとっては再現できるのでその価値は低いだろう。必要なら研究者は自らの視点から再実験するだろうから。

　人の行為は自然事象だろうとの声も聞こえる。実験を行った者にとって、実験データは存在そのものである。整理を再開したが、結局実験データは破棄せずに束ねて、しばらく様子見とした。

91.　感じることと確かめること　2011.1.24

　梅の開花がニュースされ昨年より早いようだ。光が丘公園で赤い花が咲いている木を見つけ春の訪れを思った。日は延び始めたし、梅の開花も伝えられ、春の息吹をその花の咲く木に感じたのだ。梅ではないようなので、どのような花だろうと近づいた。小さな赤いモミジの葉が枝に残っていた。開花ではなく、紅葉の名残がそこにあった。

　その逆に、枯れ葉が花であったことを思い出した。赤塚植物園で春なのにまだ枯れ葉が残っていると木に近づいていくと、マンサクの小さな

短冊の黄色の花弁が縮れてあった。

　ある事象に出会い、その事象をよく確かめると、初め意識したこととは異なる内容がそこにあり、事象の再認識を必要とする時がある。

　初めに事象を認識したことは事実であり、訂正することはないだろう。その事象を分析した結果、事象の再認識が必要となれば、その時点で事象の説明ができることになるだけだ。

　生け花に美を意識したことは事実だが、生けられた素材を分析してその存在を確認しても、美は生まれないであろう。

　私たちが自然の事象に接して生まれる感動や、芸術作品を見、聴き、読んで得る感動はいずれも紛れもない事実であり、個人にとっての確固たる存在だろう。自然事象を科学的に分析して確認できること、また芸術作品について説明することは人が社会的存在であることの証しであろう。だが個人である私には至らない。

92. 天災と人災　2011.5.3

　天災と人災

西暦	和暦	事象
1703	元禄16年	南関東大地震
1707	宝永4年	富士山噴火
1783	天明3年	浅間山大噴火
1868	明治元年	明治維新
1923	大正12年	関東大震災
1929	昭和4年	世界恐慌
1945	昭和20年	終戦
1973	昭和48年	第一次オイルショック
1991	平成3年	バブル経済の崩壊
1995	平成7年	阪神・淡路大震災
2007	平成19年	世界金融危機
2011	平成23年	東日本大震災

93. 意識はどこに責任をもつか　2011.8.2

　痛いという意識は身体に責任を持つ。痛さの前に意識される状況は身体を意識しない場合もあり、その意識は身体への責任にない。そこでの意識が痛さを引き継ぐなら、痛さは身体に責任を持たず、痛さを感じる存在が意識できる。その存在は身体ではない。

その３．壬辰（2012）── 壬寅（2022）断片94-119

94. 矛盾を超える試み　2012.8.7

　進化と退化は同時に進行する。進化が顕れると退化が進む。矛盾は同時に現れる。矛が生まれると盾が顕れる。両者を合わせれば矛盾は超える。競わずして和めば、生きることと死ぬことは矛盾しない。

95. クラス会への思考　2012.8.7-8

　大学卒業後50年が経過した。経過したのは時間である。時計の針が文字盤を回った回数であり、原子の振動回数であり、科学的、物理的、無機的な測定回数の経過である。

　50年は長いか短い時間か。地球の歴史に想いを馳せれば砂丘の中の一砂だろう。50年を径１mmの一砂とすれば50億年は１mm×１億＝100km砂粒が並んだ距離となる。３次元の世界としてみると50億年前の１粒の砂は球の表面積$4\pi r^2$から１万km^2へと広がり、関東地方の面積32,423km^2の３分の１上の砂１粒となる。（2012.8.7）

　50年をその50億に分割すると、１年＝365×24×60×60秒＝31536000秒≒0.3億秒なので、50年は地球の歴史を１年とすれば0.3秒に相当する。

　すなわち、50年の経過はそのこと自体にあまり意識するものではないが、しかしまた今この時は歴史を持った表出だとの意識をもたせてもくれる。（2012.8.8）

　50年間に、体験し経験し、学び知ったことは多い。自然のこと、学問のこと、世の中のこと、そして人間についてである。何れにしろ、暗

中模索ではあったが、そこにあったから知ったのではなく、知ろうとしたからあったようだ。しかし、あったとは今においてのようだ。今においての50年間なのである。大学を卒業した当時の意識、卒業後の様々の場面での意識は思い起こすこともできる。だがそれも今の意識を介しての当時の意識となるようだ。風化変質は自然の現象ではあるが、内面の現象でもあるようだ。

96．今　2013.2.6

　津波注意報を NHK で今、放送している。ソロモン諸島で発生した M8.0 の地震による津波が、日本列島の太平洋側沿岸に20〜10 cm ほどの波となって、到達予測時刻からは大分ずれながら到達したようだ。太平洋に波打ちは既にあるが、個人との関係は複雑である。津波として出会うか、さらに危険が発生するかは、波の様子と個人の状態との今にある。

　NHK の放送は音楽に変わった。音楽は空気の振動と個人との出会いである。津波、音楽は水や空気の時間変動との出会いと言える。水や空気は存在する物、その状態変化は時間が絡む。出会いは意識と関係する。物、時間、心との出会いの今である。個人として今、物、時間、心の出会いを知っている。東日本大震災と懐かしのメロディーとが異なる意味を持って、今出会っている。

97. 生と死B　2013.9.16　23:09

　これまでの私は今、これからとなる外と接している。これまでの私は肉体としてあり、今は感覚、意識によって瞬間が感じられる。その瞬間は他者、外界、環境、社会と繋がりこれからとなる。

　今が瞬間に閉じると、今は失せる。それが死だろう。

　生とは、これまでの私が今を感じられたことであろう。

　私の時間は今にある。今を介した時間は私にある。全てのものは時間を持つ。その時間の乖離がそのものの死である。

98. 時間と空間　2014.3.1

　ここのところ、時間と空間について、強く意識し体験した。

　昨日、30年振りに上福岡を訪れた。当時住んでいた家の前を通った。小さい家だが、塀と格子戸があり、竹が塀から窮屈そうに2〜3本あり、格子戸は藤色に塗り変えられたのを見た。東上線の駅からそこに辿り着くまでの昔が思い出せず、変わったことの確認は確かではない。駅近くは大々的に変わったことは明らかだが。

　2カ月前には、60年余りも前に通った小学校の前を通った。学校の傍にあった用水路が遊歩道付きの通路に埋め変えられていた。細長い石の正門が同じかなと思ったり、1年の中途転入で母に連れられ訪れた折に驚きで見たブルマー姿の女学生の確かさは運動場のどこだったかなと思ったりはした。

　いずれもかつて過ごした同じ場所に、数十年の時間を経過して立ったわけだ。空間と時間の座標で、巡り巡ってこの空間に辿りついたわけだ。

　もう3年となるが、東日本大震災のことを思ってしまう。あの津波で流されてしまった街があり、人がいる。訪れる場所と、訪れる人がいない。失せている。無常を思う。場所も、時間も、またそれを意識する自分も常ではないのだ。

　常でないことが常であることを思った。

99. 注意したいこと　2014.5.26

　人と話す機会が少なくなったからか、そしてまた年の所為か、人と話していてその内容の不正確さあるいは誤り、さらに内容のふらつきと無意味さに気づくことがある。

　どうも根本が意識され、話し難くなることもある。善と悪、生と死、有と無、思想と科学、などの根っこが意識されるからである。あることは一方であり、根本が意識されると他方なのである。

　個人と社会、個と関係、現在と歴史、などが意識されもする。

　知ること、伝えること、伝わることが意識される。

注意したい。

100. 変わることは当然　2014.5.26

　切り倒された木が朽ちる様子や切り通しの植生を見ると、自然の再生は10年ぐらいだろうと思う。ひと昔とは10年を言うようで、人の世の出来事は昔のこととして10年経てば許され忘れてきたのだろうか。

　先ほど20年前の書類が出てきて当時のことを思い出し、既に定年退職して4年が過ぎ、大学はどれほど変わったのかなと思った。

　6時間前に会った人に、世の移りの速いことを語り、わが時代はラジオ時代で、テレビ時代、そしてスマートフォンへと変わり、今は小学生もITを使って教育されると話した。

　さて、変わったことは事実だろうが、変わることはいつの世も変わらないだろう。変わることは必然で、それは当然で、そして常に木は朽ち再生する。人の世とて同じだろう。

　変わることは当然で、速い遅いは付随のことで二の次のことなのだ。

101. ある関係についての固有値　2015.8.7

　ある円の円周の長さとその円の半径の長さの関係はπで結ばれる。

　ネイピア数、自然対数の底はeで表され、超越数となる。

　このようなπ、eなど意味を持つ値がある。

　様々なことの中に様々な関係が見出せる。そういった関係の中に固有値が見出され抽出されるようだ。

　アブダクションとは個別の事象を最も適切に説明しうる仮説を導出する論理的推論だが、そこに固有値が登場することをアブダクション研究会の福永征夫氏が述べられていたことを文理シナジー学会で拝聴したことがある。

102. ココについて　2015.11.3

　言葉が分節した範囲と次の言葉が持つ範囲とを繋げながら意味を生もうとする。言葉が湧き出てくれてそのつながりに流れが生まれ意味が生

じ、意味の溜まりと深まりが新たな言葉を求めてくる。このような繰り返しがされるうちに言葉の絡まる思考の種が出来成長していく。ここで、普遍と個別との言葉の絡まりから思考の種を成長させたい。

ここでのこことは。

ココはこの場、この場所、今、現在が含まれよう。そこには私がいる。一般ではなく、抽象ではない。ココは個別であって、普遍ではない。

川のココから上流側が見えて、下流側が見える。今は過去があり、未来が意識できる。

ココは個別の原点だと考える。ココに立ち返ることは新たな出会いが、新たな目標が、これまでの出来事が、これまでの経緯が、ココから見渡せる。ココが意識できることは新たな出発の始まりである。

ココは私のココでしかありえない。唯一無二のココである。個別の原点である。しかしココは他との関係、環境の直中にある。

さて、ココから進み出そう。

かつて「メダカの学校」として次のような文を書いたことがある。

　　氷河は流れています。そこで氷河の上で生活する虫は、生まれるとすぐに上流に向かって歩き始めるそうです。それを怠ると、氷河と一緒に湖や海にまで流されてしまうのです。

　　同じ様なことは、川に棲む生物にも言えましょう。

　　メダカは群れをつくり、小川の流れに向かって、泳ぎます。「メダカの学校」は、そのような光景を歌ったのでしょうか。

　　ですがもし、メダカの泳ぎが流れより弱いと、ついには大きな川に流れ出て、大きな魚に食べられてしまいましょう。また泳ぎが流れよりあまりに強いと、上流を遡り、ついには陸に上がって、干しメダカになってしまうかもしれません。

　　ヒトとて同じでしょう。人は時の流れの中を生きています。世の時勢を無理に越えて進みますと、時には新たな地平を見ることもあるのでしょうが、多くの場合は挫折感を深くするようです。といっ

ても時の過ぎるがままに身を任せますと、気が付いたときには過去の人となってしまいます。勢いよく進むのも難しいのですが、退くのにも勇気がいります。そこで人は時の流れに沿って歩み続けるのです。

　自然には、春夏秋冬という季節が巡っています。そこで、季節を知って、時の流れに素直に付き合うようになれば、歩くことは、もっともっと楽しくなりましょう。(1998)

103. 後先が変わる　2016.5.16

　熊本地震から１カ月ほど経つ。

　建物の倒壊、道路の破損、橋の落下、大地の亀裂、山腹の滑落など痛々しい災害である。

　初めの震度７では大丈夫だったが２回目の震度７の地震で倒壊してしまった建物もあるようだ。二階建ての二階部が潰れた一階部の上に壊れないままあるような映像も見る。余震が長く続いている。

　災害前後で、暮らし向きが激変してしまった人が多い。避難所にいる人もまだ１万人を超えるようだ。

　建物を失った人は、地震によって生活した物的過去を失ったことだろう。ある出来事がこれからを開くこともあろうが、地震がこれまでを閉ざしてしまったのだ。

　これまでを閉ざされることがこれからを作り開く働きになるのか。そこに地震をもたらした断層が人に様々な断裂をもたらした。

　地震がこれまでとこれからの在り方を大きく変えてしまった。

　思えば様々な出来事が様々に後先を変えてきたのだろう。

104. 組織と人　2017.6.22

　この世には家族、株式会社、地方自治体、国家など様々な組織がある。

　人は様々な組織の構成員となっている。

　人はこの世に生を受けてから、様々な組織と様々な関係を持ちなが

ら、生きている。

　人自体、様々な組織からなっている。人の体は頭、胴体、手足などの部位からなる。

　口から水、食物を、また鼻口から空気を大気より取り込む。

　体内に入ったものは胃腸などの消化器官などを通って、一部体内に消化吸収され、残りは便として肛門から体外に出す。体内に入ったものは筋肉、脂肪、血液、リンパ液、骨などとなり体の構成物となる。また代謝され活力となり、汗、尿となっても排出される。

　血液は体内を巡り、脳、心臓、肝臓などの臓器を潤す。

　意識とは、善悪、喜怒哀楽、理性、そして悟性まである。

　生きているとは意識を安心が支えている状態でありたい。

　人と外部との関係について考えたい。

　外部とは五感でかかわる。視、聴、触、嗅、味の五感である。五感でかかわったことから意識が働く。また意識すると五感がより強く外部とかかわる。

　近年、情報が外在化され、強く意識の対象となってきた。外部に情報があり、その情報とのかかわりは五感を経ずに直接意識もされよう。

　情報とは、色、形、空間であったり、動静、生滅であったり、記号、文字、文章であったりする。文字には数が、また文章には数式、さらにプログラムが含まれる。

　さらに近頃ではビッグデータ化とかデータのクラウド化となり、その情報は無化にも近づきつつある。情報は情報としてではなく、情報を生み出す存在となる。

　外部とのかかわりには外部への働き掛けがある。働き掛けについて考察したい。

105. 時の流れを感じること　2018.5.31

　○フィルムカメラに幕

　　キヤノンのフィルムカメラ、80年の歴史に幕（2018年5月31日7時22分、ニュース速報：『読売新聞』）

キヤノンは30日、国内で扱っていた唯一のフィルムカメラである「EOS-1V」の販売を終了すると発表した。かつてのキヤノンを象徴したフィルムカメラは、約80年の歴史に幕を下ろすことになる。デジタルカメラの普及により、販売が落ちてきたことから、2010年に生産を打ち切っており、現在は在庫を出荷している状況だった。販売を終えた後も、25年10月31日までは修理などの対応を続けるという。キヤノンのフィルムカメラは、前身の企業が試作機を経て1936年に発売した「ハンザキヤノン」以来、約80年の歴史を終えた。

○商店での支払いが自動化

スーパーなどでレジ支払いを機械で行う。ガソリンスタンドでは以前から支払いは機械にて行われたが。

○自動車関係の記事

テスラの新型車、ブレーキ性能の欠陥を遠隔修正（ネット・IT自動車・機械北米2018年5月31日10:07）

○PCの安全性

PCをクラッシュさせる音響攻撃「ブルーノート」――スピーカーから音を流すだけで（2018年5月31日㈭13:46配信 CNET Japan）

○カラオケ、ゴルフの不景気

カラオケシダックス、カラオケから事実上撤退　採算悪化で（産経ニュース2018年5月31日）

ゴルフ場倒産リーマン超え　若者離れ、接待交際費カット（産経ニュース2018年5月30日）

お酒→マージャン→テニス→ゴルフ→カラオケ→企業人の付き合い方の変遷

○所持者不明土地、空き家の増加

所持者不明の土地面積は九州より広く約410万ヘクタール（2018年5月31日20:33配信 CNET Japan）

106. 老いと夢　2018.10.4

「少年よ大志を抱け」とクラーク氏は札幌農学校を去る際に学生に語ったようだ。「この老人のように」と続いたとの説もあるようだが、「老人よ夢をもとう」と語ってくれたらうれしい。夢には束縛されない自由がある。老いると社会通念やら規範から解放されて、生活に新たな潤いが感じられるようだ。近くに区立図書館がある。見たい本をインターネットで予約し、散歩がてら借り出し、本代代わりにケーキを買う。支払いは財布の硬貨枚数が最小としようとし、指から硬貨が零れ落ちるのも楽しい。焼酎「とっぱい」は、そのようにして借りた本『うわさの本格焼酎150選』に堂々と載っていた。素直で優しい焼酎だった。そしてチーズケーキを食べた。目を覚ますと忘れるが、かなり困ったことも、慌てたことも、愉快なことも、また大発見したことも夢にあったようだが。夢は現実とも融和する。夢を意識しながら現在を楽しむことは、老いる醍醐味ではないだろうか。この「とっぱい」を飲み、ケーキを食べたことも。老いてますます個人的な夢をもち、大いに楽しもう。

107. 時間と空間の楽しみ　2019.1.26

　80歳に至れば120歳までの40年が意識できる。この時間に絡む空間が意識でき、その様子を楽しみたい。時間の区切りは80〜84歳、85〜89歳がまず意識できる。前半は空間移動として、車の自動運転が実現するかである。後半はバーチャル空間が意識できる。その上で、情報を通じて知る世の変化を楽しもう。

108. 忘れないように　2019.5.20

　昨夜ウナギを食べた。その効なのか、睡眠途中の目覚めが良い。そこで最近気づいていることを確認しておきたい。八十歳が一区切りだと意識する。ひとの完結百二十歳だと、これからが完結に向けての四十歳となる。人は個人でありまた人間関係の中での個人だろう。個人と人間関係が強く意識できる。個人は意識にある。となると人間関係は意識の絡みだろうか。そこで意識とその絡みが意識できる。小鳥が囀り始めた4

時10分。

109. 上と下　2019.7

　上と下の間に中を置き上と下を関係づける。ここで縦長の紙に縦に上・中・下と記し紙の上端と下端を丸めて閉じる。すると上の先に下が逆字で連なる。この逆字となる上下関係について考察する。逆字となる上下の間に中を置き上下の関係を考える。すると上は中を経て下に至る。上は中を経て下に戻るわけである。

110. 時間と存在について　2019.8.29-9.5

　時間と物質は解放された。そのとき時間が進み物質は空間を持った。空間は物質と時間との関係を取り持つ。時間は解放と同時に時を刻みつつ物質と空間に関係した。

　素粒子、エネルギーが物質に備わる。空間は宇宙となり、銀河星団、太陽系を物質は構成した。地球が形成され、生物が発生し、人類が誕生した。人類から続く物質である私は今、意識しながら認識を頼りにこの文を記録している。今現在存在している。私は、キーボード、机、そして気持ちよい大気、窓の外に林、その中を透かして薄青白の山並みを、今意識している。昨日記録した私の意識は五感で認識できる空間であったが、今意識している直接五感が触れる空間から離れて、さらに広がる空間での事象である。自然現象では今朝北九州の長崎、佐賀、福岡県は線状降水帯による豪雨を受け河川が氾濫し市街地、田畑など冠水被害を受けているようだ。社会事象では国際社会の政治経済は日韓において著しく関係が悪化し、一昨日韓国が日本との GSOMIA の関係を絶つと正式に発表し、また日本は韓国をホワイト国から本日排除した。現在眼前の林の樹幹を通して見る山並みは雲で上部が隠された。辺りが暗くなり、千切れた薄い黒雲が低く走っている。雨が降るようだ。刻々と周囲の様子が変わっている。佐賀では河川から水が溢れ、水中に没した道を歩いている人もいよう。日韓の防衛、経済関係者は慌ただしく対応に追われていよう。私は犬との散歩を雨が降る前に行いたい。私の意識は

様々にする。五感を通じて、周囲の空間からまたメディアからの情報を元にしてなど、さまざまに意識する。体験したこと、思考したこと、教えられまた学んだ知識があり認識できる。今朝の山並みの上に青空があったが、現在朝霧の広がりにより山並みも青空も隠された。布団の中で思った。物質と時間が解放された際、その意味は暗黙知となり受け継がれた。キーボードの前の私も、眼前の林も、隠れた山並みも、ひんやりとした大気も、また林までも包み込もうとする朝霧も、すべて脈々として暗黙知を引き継いでいる。今私が朝霧に包まれた空間を意識し、認識できるのは脈々として暗黙知を共有するからだ。宇宙まで意識できるのも然りである。物質と時間が解放されて、暗黙知も解放された。部分が誕生し、部分に組織と構造が生まれた。その組織を構成する単位はそれぞれに暗黙知があり、また暗黙知により組織が共有される。今私は朝霧に包まれた木々を墨絵のように眺めている。親が子と通じ合い、友人同士が、はたまた他人同士が会話でき、石工が石に話しかけ、地質屋が地層を求め、天文家が望遠鏡で星を夢中に観察するように、きっと地球は月と対峙し、太陽を巡り、惑星や星々を知っていよう。(2019.8.29)

　現在小雨で林を透かして山並みは見えない。小雨の先に山並みはあるはずだ。だが見えない。視覚による関係が失せている。しかし、小雨の先に山並みがあると意識できる。山並みを見た体験があるからだ。これまでに見たことがなければ、林の先に山並みがあるとは思わないだろう。山並みはないことになる。あってもないことになる。昨日３匹の鹿を見た。今もその３匹の鹿は近くのどこかにいるだろう。昨日鹿に会わなかったら、今たぶん鹿への関心は働かなかったろう。居るから即意識できるのではなく、関係が生じたので、その存在を意識しているのだ。犬との散歩の途中で熊の存在が意識される。この７、８年前であろうか近くで熊が出たとの話があった。山に熊がいるから、地続きの当地に熊が現れることもあろう。しかし、この場合はむしろ居ない熊を居るとして意識していることに近いだろう。無くとも在るとして意識している例となろう。社会事象の存在は多くはマスメディアからの情報を受けて認

識する。自動車事故、殺人などは個人による事件であり、トヨタとスズキが一部合併、横浜市がカジノ誘致に立候補などは国家内の組織制度とかかわる事象である。日韓の政治と経済の衝突、国連によるイラン、北朝鮮への制裁などは国家という大きな組織がかかわる事象である。事象の次元が大きくなるほど現在とその様子がぼけてくる。物質と時間を取り持つ空間がより広がり、より開放されるからである。一本の草木と林さらに森の関係は、一匹の昆虫とそれを捕食する鳥、さらにそれを狙う狐を含み、また樹幹を移動する地衣類、落ち葉に隠れる菌類や細菌、ウイルスとそれぞれに関係があり広がりがある。土壌から岩石まで水を通じて情報が渡る世界がある。それは人の暗黙知の世界に繋がるだろう。(2019.8.30)

　生き物は時間に乗って変化し、移動し、生きている。その乗っている時間が寿命である。人の場合上手に乗れば120年の時間までも乗れるだろう。ただし120年という時間は地球と太陽にかかわる時計時間である。それは物質、肉体が乗る時間である。心の時間は解放されている。心は生により肉体に宿り、死により肉体から解放される。肉体は時計時間に添って生きる。解放された心は個ではない。掛かりつけの病院の先生はある臓腑の寿命は120年と言った。(2019.9.5)

111. 妙に自然体　2020.1.1

　気温は低いがよく晴れ無風の元旦だ。昨日の大みそかから今日の元旦へ、普段の曜日移りと変わりなく、妙に静かであった。年賀状を整理し終え、人とのかかわりが自然に過ぎる感がしている。

　自然への同化が進みつつある感がする。自然が変わり、世が変わり、自分も変わる。変わりつつ同化する、そのように思う。

112. 新型コロナウイルス後の世界　2020.4.18

　新型コロナウイルスに対して非常事態宣言が国都道府県に拡げ出されている。東京都では感染者が200名を超えるようになった。医療関係者

の疲弊、個人行動の束縛、経済活動の停滞、運輸交通関係の縮小など様々に弊害が発生し始めている。ここしばらく社会は消費、新規、発展に進んで向かおうとしてきたようだ。だがこの疫病が地球規模に伝染することで、節制、静寂、平穏が好まれる世へと転換するのではないかとも思われる。

113. 晩夏の成増の空　2020.9.17

　ここのところジャックとの夕方の散歩がとても楽しい。空と雲が素晴らしいのだ。入道雲が白く光り輝いていたり、頂上が吹かれ扁平となった‘カナトコ雲’があったり、風に薄く引き伸ばされた螺旋状の雲であったりと、形状、配置、色彩が豊かで、かつまた移ろいやすい。日没近くの雲は、雲同士の高度差が、太陽との位置関係、そして太陽の高度と絡んで、刻々と色彩を変える。正に、空という自然、雲の織り成す環境、そこに太陽光変化の時間が演出する一刻だ。たまには次の様子が楽しみと歩を進め、観察可能な地点まで来ると、すでに状況はすっかり変わり、がっかりすることもある。それもまた一興となる。

2020.9.11 16:49　　　　　　　　　　　　　　　2020.8.30 17:33

2020.8.30 17:31　　　　　　　　　　　　　2020.9.8 18:04

114. 思い出すことB　2020.9.22

　先日、菅内閣が発足し、デジタル省が出来、その専門家である村井純慶應大教授に菅総理が会ったと報道された。後ろの本棚に『インターネット』村井純著岩波新書なる本がある。1995年11月30日が第1刷発行で96年3月22日第7刷発行を購入したようだ。インターネットの空間は1969年のアメリカのARPAネットに始まり、1980年のCSネットを経ているとあった。いつ頃からインターネットを利用したか定かでないが、今振り返ると、1981年に文部省科研費一般研究Bによって赤外分析装置が入り、83年度に学内国内特別研究を申請し1年間の休みを得て、粘土鉱物研究の深化とデータ分析処理のルーティン化を狙ってのパソコン利用をと意気込んだ。だが当時分析装置の機能と情報処理の自動化は目覚ましく進み、問われ求める研究の質は大きく変わったと意識できた。また85年に所属研究室の主任となる。このころから公務が増すなどして思考が変容しはじめた。社会環境は85年に前川レポート「内需拡大」があり、87〜90年はバブル経済だった。1990年4月に夏井川、越前荒川、三面川の水質調査をしており、自然、環境への思考対象

を粘土鉱物から河川に大きく変えているのだ。

115. 大切な気付き、矛盾について　2021.3.4

　それは矛盾すると気づくことがしばしばある。例えば社会とのかかわり方、健康への留意、言ったことと行っていることなどだが、今朝ふと気づいた。それは、矛盾は時間と空間が収めてくれ、それが生きていることなのだと。例えば出口と入口は家という空間がその矛盾を有意義に収めてくれ、盾と矛は時代という時間がそれぞれに機能を持たせていよう。

　今という時空を最重要事項とすると矛盾に悩むことが多くなるが、今しばしくつろぎ余裕に重点を移せば、矛盾は楽しめる変化となるだろう。

116. 素晴らしいこと　2021.7.10

　自分の時間があるとはなんと素晴らしいことだろう。
「文明社会に生きる人々は気ままに生きるのではなく、時間によって管理されるのである。それは今も昔も同じことで、時間もまた為政者にとっては支配の有効な『道具』であり、自らの権威を示すためにも、暦や年号、時制などを定めることに熱心であった。」(小林登志子『文明の誕生　メソポタミア、ローマ、そして日本へ』〈中公新書〉〈Kindle の位置 No. 735-737、中央公論新社、Kindle 版〉)。時間を自分で管理できることは何と素晴らしいことなのだろう。

117. 気付いたことがある　2021.9.29

　歯の治療が顎の不都合を生んだ。奥歯の一部が欠けて舌がさわり痛むことで歯の治療をした。治療者は欠けた部分の修復に加えて歯の根元の修復を追加治療してくれた。その際に口を大きく開くなど求められた。その結果か 1 カ月ほどたった今も顎に違和感があり、口を大きく開く時など恐る恐るとなる。一時期は食事で噛むごとに左下顎付近でカサカサと無機的な音が出たりもした。求めた歯の治療は完了したが、求めぬ他

の部分に異常を生んだようだ。このことから、気付いた。良かれと行う行為行動は、その目的自体には貢献したが、もしかするとその効果が良からぬ影響を生み、より悪い結果となることもあるということだ。病気の予防薬が副作用で、かえって病を生むことがある。治水のつもりがかえって大災害をもたらすこともあろう。あるシステムの外部からの働きによる影響についてである。

118. 諸学は人の認識にかかわる。内と外、今と過去　2021.10.2-13
　人は本質を求め内在化する先に哲学がある。人に生命がある。そして諸関係の中にある。生命が人の本質に近く、諸関係は諸学と近く、諸学が環境学として生命に向くことで、人の本質に近づく。(2021.10.2)

　内と外を求める生命は個体となり形を持つ。各個は関係を持って存在し、生まれ消える。各個はそれぞれの生命がある。(2021.10.3)

　外界をそして内面を分化せず、そのままに受け反応する、自然体というか直観は、始まりでまた行き先だろう。在ることは事実で、また無きことも事実だ。過去は今と、そして今は過去とつながる。(2021.10.13)

119. この時を　2022.9.29
　薄い晴れ間、涼しい空気が開けた窓から入ってくる。明後日は10月となる。午後に洗面所で水漏れしたパイプの交換が済む。あと今のソファの交換、そしてエアコンなど電気器具を一新できればと思ってはいる。10月7日に車FITの点検がある。物にかかわり判断することが増している。台風も11号、14号そして今発生し近づきつつある18号と行動にかかわりまたかかわりつつある。
　この涼しい空気がこの時をどのように動かすかである。
　有と無との関係は、有が極小となるか極大になると無の領域となる。無と有は共存しない。有は様々な形、姿、状態と成る。私は無を希求するが、あくまでも有である。私も様々な形、姿、状態と成る。有は有で

あって無ではない。世界は有である。世界は地球にまとわる有であり、宇宙の存在にかかわり、宇宙の極大は無なのだろう。

　私は意識する。有を、その様々な形、姿、状態をである。その姿、形、状態を詳細に知ろうとする。その行き着く先は無の領域なのだろう。有の宇宙の先、そして意識が知ろうとする先それは無なのだろう。

おわりに

　自然はどのように認識されるかを個人的にかかわった事例から述べた。土と人とのかかわり、さらに河川についても考えた。自然環境について取り上げ環境問題と環境学について考察した。自然をそして環境を私たちは常に過去、現在、そして未来として意識するが、また私たちは現在を起点として己の一生を常に意識していよう。個人の一生を還暦から考察し、干支トーラスとして完結するとして、ここでは私個人の心の旅をその干支トーラス面に添ってその一端を表出した。

　今身近な社会を見渡すと、コロナ禍はやや収まりかけている。少子高齢化社会、社会制度のデジタル化、AI 進化と個人知へのかかわりなどは容易に意識できる。またロシアとウクライナとの戦争の激化長期化が心配され、国と政治体制の在り様なども意識される。

　このような社会変化とともに、これからの私個人そして皆様各個人は時間経過の様子が干支トーラス面に表出され、やがて自然の時間へと移行堆積されて、どのような地球の歴史に固定されるのかなと思ったりもする。

あ　と　が　き

　本書の出版は『河川を巡る旅』なる本を東京図書出版から出版した折に思い至った。河川は自然の直中にあり、自然環境の要ともなり、その流れは時の経過、時間を意識させる。本書『自然、環境、時間への旅』は『河川を巡る旅』を引き継いだ更なる旅となった。

　干支のドーナツ体模型を作製いただいた大塚正則氏に感謝する。

　出版にあたり、東京図書出版の皆さんにお世話になった。

西山　勉（にしやま　つとむ）
理学博士
東洋大学名誉教授

自然、環境、時間への旅

2024年3月9日　初版第1刷発行

著　　者　　西山　勉
発 行 者　　中田典昭
発 行 所　　東京図書出版
発行発売　　株式会社 リフレ出版
　　　　　　〒112-0001　東京都文京区白山 5-4-1-2F
　　　　　　電話 (03)6772-7906　FAX 0120-41-8080
印　　刷　　株式会社 ブレイン

© Tsutomu Nishiyama
ISBN978-4-86641-716-5 C0010
Printed in Japan 2024
本書のコピー、スキャン、デジタル化等の無断複製は著作権法上
での例外を除き禁じられています。本書を代行業者等の第三者に
依頼してスキャンやデジタル化することは、たとえ個人や家庭内
での利用であっても著作権法上認められておりません。

落丁・乱丁はお取替えいたします。
ご意見、ご感想をお寄せ下さい。